Robert Sève

DONNER LEUR NOM AUX COULEURS

Dénomination des couleurs évaluées par colorimétrie

LEXITIS ÉDITIONS - 19 rue Larrey, 75005 Paris – **www.LexitisEditions.fr**

ISBN : 978-2-36233-169-5

TABLE DES MATIÈRES

HISTORIQUE

En 1970 le Groupement permanent d'étude des marchés de Peintures, Vernis et Produits connexes (GPEM/PV) prit la décision d'étudier et de définir une "*Classification méthodique générale des couleurs*". Ce travail fût concrétisé en 1977 par le fascicule de documentation[2] Afnor X 08-010 (*) qui décrivait une méthode particulière de classification de l'ensemble des couleurs de surface. Cette méthode s'appuyait sur les travaux du Professeur Manfred Richter en Allemagne, lesquels donnaient lieu par ailleurs à la norme allemande[7] DIN 6164 publiée en 1955, avec un atlas de couleur.

Les années passant, l'intérêt de cette classification X 08-010 devint de moins en moins notable, en raison notamment de la prééminence d'autres classifications méthodiques – ou systèmes ordonnés de couleurs – tels le système Munsell et le système NCS. Cette classification des couleurs, complexe, peu pratique dans ses détails d'application et privée en outre de l'accompagnement d'un atlas de couleur, n'a pas reçu de consécration de la part de ses usagers.

Cependant le document de 1977 développe un autre thème, malheureusement inutilisé et totalement oublié, dont l'intérêt est notable. En effet le travail du Groupement permanent d'étude des marchés de peinture (*cité dans ce qui suit par son abréviation GPEM/PV*), présente l'originalité, tout à fait indépendante de la norme DIN, d'avoir traduit un nombre très considérable d'observations et de jugements de couleurs de surface, par une correspondance entre une dénomination de couleur et une évaluation numérique obtenue par une mesure colorimétrique classique. Les dénominations résultent d'un vocabulaire précis et limité et la correspondance avec les valeurs numériques de mesure est assurée par un découpage exhaustif de l'espace tridimensionnel de représentation des couleurs en domaines jointifs : les domaines chromatiques.

Ce document ancien constitue de ce fait un travail exceptionnel et de grand intérêt. L'étude de la correspondance entre des noms de couleur et des valeurs numériques colorimétriques repérant les couleurs est en effet un problème délicat, pour lequel il n'y a que peu de publications, spécialement en langue française. Il jette un pont entre les valeurs numériques obtenues par des mesures colorimétriques et les désignations du vocabulaire chromatique, lesquelles répondent d'abord à l'usage commun, mais conduisent également à la terminologie plus élaborée des linguistes, des sociologues et de toutes les personnes principalement concernées par les aspects esthétiques des couleurs.

Quand s'est posé, il y a quelques années, le statut de ce document de 1977, vieilli au regard de plusieurs de ses choix, il apparut à l'auteur que les informations que ce document contenait, limitées au seul thème des domaines chromatiques et d'un vocabulaire associé, pourraient rester très utiles à la condition expresse d'être entièrement actualisées et d'un emploi facile. Pour l'auteur, un document rénové doit pouvoir intéresser un vaste ensemble d'utilisateurs dans les domaines techniques industriels et commerciaux, pour les dépôts de marques et dans les brevets, domaines pour lesquels les noms associés aux couleurs sont le plus souvent source de confusion et de litiges. En effet n'est-il pas remarquable de pouvoir, sans ambiguïté, associer un nom de couleur à une surface dont on a mesuré les caractéristiques colorimétriques, alors que ces seules caractéristiques ne donnent sur l'apparence de la couleur mesurée que des informations peu évocatrices.

L'objet de cet ouvrage est principalement de présenter ce document rénové qui a été réalisé par un important travail de renouvellement et d'expliquer clairement comment s'obtient la dénomination d'une couleur de surface dans le contexte technique actuel. Le texte expose également aux personnes ne connaissant pas, ou mal, ce domaine particulier, les principes utilisés par le GPEM/PV. Il sauve ainsi de l'oubli cet ancien travail, lui redonne toute sa valeur, permet son utilisation aisée et fournit la base indispensable à un éventuel examen critique des choix faits en 1977 en vue de possibles modifications ou d'adaptations au vocabulaire du marketing actuel.

(*) *Les petits numéros en position d'exposant renvoient à la bibliographie.*

Chapitre 1 : PRÉSENTATION & BASES DE TRAVAIL

1.1 PRINCIPES DU DÉCOUPAGE CHROMATIQUE

Le document Afnor X 08-010 de février 1977 s'est fixé plusieurs objectifs[2], ce qui nuit d'ailleurs à sa clarté. Il définit une classification méthodique générale des couleurs de surface par des indices numériques, il présente également une classification simplifiée pour une collection réduite de couleurs, dite CCR, objet de la norme[1] X 08-002, norme associée à un catalogue restreint de surfaces colorées matérialisées, aujourd'hui définitivement indisponibles. Il lie en outre cette classification simplifiée à une série de zones chromatiques auxquelles sont attribuées des dénominations de couleurs. Cependant il ne formule aucune règle précise ni accessible, relative à ces objectifs. Par ailleurs, la rédaction de ce document, assez complexe et qui s'étend sur plus de 80 pages, ne correspond pas aux règles actuelles exigées pour un texte normatif. Le document Afnor X 08-010 a été annulé en 2015.

Le document prend, pour données identifiant les surfaces colorées, les coordonnées trichromatiques *x* et *y* associées à la composante trichromatique *Y,* évaluées dans le système CIE XYZ 1931, relatif à un champ visuel de 2°, avec l'illuminant C comme neutre de référence aujourd'hui périmé.
Le document introduit des grandeurs en relation significative avec les appréciations visuelles caractérisant les couleurs. Ce sont trois indices : *T* évaluant la tonalité, *S* la saturation et le plus souvent *Y* la clarté. La détermination des indices *T* et *S* pour une couleur mesurée, malaisée, se fait par une recherche dans des tables numériques et dans des schémas graphiques, mais sans aucune procédure explicite.

Ces trois indices définissent, par l'association de leurs valeurs numériques, une classification méthodique générale des couleurs et servent également à fractionner l'espace chromatique en zones susceptibles d'être désignées par une dénomination de couleur unique. Ces zones qui sont les domaines chromatiques choisis par le GPEM/PV sont définies par une série de 30 planches illustratives du document de 1977 accompagnées de 10 figures complémentaires. Ces schémas ne conduisent cependant pas à une identification claire, ni aisée, des limites de chaque domaine chromatique.

1.1.1 Indice de tonalité *T*

L'indice de tonalité est un nombre *T* variant de 0 à 24 qui sépare les diverses tonalités chromatiques des couleurs de surface. Il est la base d'un fractionnement angulaire du diagramme de chromaticité, à l'aide de demi-droites rayonnantes depuis le neutre de référence (fig. 4 et 5). Les valeurs de cet indice *T* ont été déterminées expérimentalement par M. Richter afin que les variations perceptives de teinte, pour des couleurs ayant une saturation et une clarté fixées, soient bien représentées par les variations de cet indice[11].

La norme[7] DIN mentionne dans une note qu'il est avéré que les lignes de tonalité chromatique constante, dans le diagramme de chromaticité *x y* CIE, possèdent dans quelques cas une "légère courbure". La note précise encore que cette courbure varie suivant les conditions d'observation et selon les tonalités, raison pour laquelle, afin de rester simple, elle a été délibérément ignorée dans le document DIN. Le document français se calque à ce point de vue sur le document allemand.

Pour des utilisations concrètes il faut recourir à des tables numériques. Elles donnent une relation entre les coordonnées trichromatiques, les angles de teinte dans le diagramme de chromaticité $x\ y$ et les indices de tonalité *T*. Les angles de teinte sont exprimés en radians pour le document français depuis la ligne d'indice *T* nul qui correspond à une longueur d'onde voisine de 420 nm et dont on peut déterminer qu'elle fait un angle de 245,76° avec la ligne des abscisses dans le triangle des couleurs CIE 1931.

L'indice Afnor et l'indice DIN, bien qu'ayant un objet similaire et possédant des valeurs croissantes avec la longueur d'onde dominante, ne sont pas identiques. On peut évaluer à 114,15° le décalage angulaire entre les deux systèmes. Il faut ajouter 10,4 à la valeur DIN pour trouver la valeur Afnor, mais quand la somme dépasse 24 on retranche cette valeur au résultat. Outre ces différences, de très faibles écarts existent également entre les deux indices, du fait des méthodes utilisées pour l'interpolation et le lissage.

1.1.2 Indice de saturation *S*

C'est un nombre positif qui crée un fractionnement annulaire du diagramme de chromaticité (fractionnement transversal selon le texte du document), pour évaluer la saturation des couleurs[2] de surface depuis le neutre de référence (indice $S = 0$) jusqu'à une limite supérieure, éminemment variable avec la teinte, de valeur $S = 7$ environ pour les jaunes et atteignant environ la valeur $S = 16$ pour les couleurs monochromatiques vertes.

Les valeurs de cet indice ont été également déterminées par M. Richter[11]. Un même indice représente pour les diverses teintes une impression psychosensorielle de saturation identique et les intervalles entre deux indices différents représentent une perception identique de variation de saturation, quelle que soit la teinte ou l'indice de saturation.

L'indice de saturation se détermine en recourant à des tables numériques à partir des coordonnées trichromatiques x y. Ces coordonnées, pour des couleurs d'indice de saturation $S = 5$, résultent des données expérimentales de M. Richter pour les divers indices de tonalité T.

1.2 TRANSFORMATION DU DOCUMENT DE 1977

S'il ne faut retenir dans le document ancien que ce qui a trait aux domaines chromatiques résultant du travail du GPEM/PV, on doit remarquer que la définition de leurs limites, leur organisation dans l'espace chromatique et leur dénomination par un vocabulaire approprié constituent un ensemble indépendant des normes DIN à l'exception, secondaire, du recours à l'indice de saturation *S*.

Les procédures mentionnées dans le document qui permettent, à partir d'une évaluation colorimétrique et numérique d'une couleur, de déterminer les indices de tonalité, de saturation et de clarté identifiant un domaine chromatique, sont peu commodes et périmées aussi est-il nécessaire de les actualiser et de les préciser, dans le but de les rendre facilement utilisables.

Bien que les domaines chromatiques définis par le GPEM/PV portent la marque des préoccupations de cet organisme et ne soient pas à l'abri de critiques, il a été choisi de les conserver avec quelques minimes adaptations et certaines corrections de ce qui a paru être des erreurs. Le travail du GPEM/PV ne parait d'ailleurs pas avoir fait l'objet de publications explicatives et il n'a pas été possible de savoir si des archives relatives à la rédaction du document X 08-010 de 1977 existaient à l'Afnor.

La tâche de transformation des données du document de 1977 présente ainsi plusieurs facettes :

1 – Créer un document ayant l'unique objectif d'identification et de dénomination des domaines chromatiques, en conservant les bases adoptées par le GPEM/PV. Ce n'est donc pas une rénovation du document de 1977.

2 – Transformer certaines données numériques présentes dans le document ancien pour les adapter à l'illuminant de référence D65 puisque l'illuminant C est périmé.

3 – Elaborer une méthode simple et rigoureuse de détermination du domaine chromatique et de la dénomination d'une couleur particulière, méthode qui est absente du document de 1977.

4 – Rénover et compléter les représentations graphiques des domaines chromatiques.

Ce travail a été réalisé de 2013 à 2016. Il avait été abordé dès 1995[22] puis en 2008[23].

1.2.1 Transformation des données pour le système CIELUV et l'illuminant D65

La tâche essentielle est celle du passage de l'illuminant C ($x_c = 0{,}3101$ $y_c = 0{,}3163$) à l'illuminant D65 ($X = 95{,}04$ $Y = 100$ $Z = 108{,}88$ $u'_n = 0{,}197\,827$ $v'_n = 0{,}468\,340$). Elle nécessite de transformer les données numériques qui sont à la base du découpage en domaines chromatiques, c'est à dire les coordonnées x et y des chromaticités d'indice $S = 5$ pour des valeurs de T variant de 1 à 24 par intervalles de 0,5. De ces données dépendent toutes les autres valeurs. Ces couples de coordonnées sont au nombre de 48 dans la table 2.8 du document X 08-010. Ce sont les seules grandeurs qui soient nécessaires.
La transformation à réaliser correspond à un changement d'adaptation chromatique. Il apparaît d'ailleurs que les données correspondantes de la norme DIN ont aussi été transformées pour passer à l'illuminant D65

selon une méthode d'adaptation chromatique. Une publication[24] de 1979 mentionne une transformation du type von Kries. Cette méthode d'adaptation chromatique est celle décrite sous le nom de méthode Helson, Judd, Warren. Elle a été utilisée en 1963 par la CIE pour la détermination de l'indice CIE de rendu des couleurs[4, 8, 9]. Cette méthode bien connue, qui présente l'avantage de conserver la linéarité des lignes d'indice de tonalité constante *T*, a été utilisée pour ce travail.

L'évaluation de l'indice *S* est un second problème. Or, dans le système chromatique CIELUV, les indices *S*, pour une clarté et un angle de teinte donnés, sont proportionnels[11, 7] à la saturation CIELUV s_{uv}. Il est donc tout indiqué de passer du système CIE XYZ au système CIELUV dont les triangles des couleurs sont des projections l'un de l'autre[23] et conservent les droites du découpage chromatique. Cet espace chromatique CIELUV est donc le système qui s'impose pour la modernisation du travail du GPEM/PV. Par ses propriétés il permet de conserver les caractéristiques de la méthode initiale et ajoute des qualités intéressantes d'uniformité chromatique. Ainsi la méthode d'adaptation chromatique choisie, associée au système CIELUV, conduit à la fois à transformer les valeurs initiales en conservant la cohérence des données numériques du document initial liées aux observations visuelles et à se dispenser d'un recours aux données de la norme DIN.

Tous calculs faits, les relations donnant les coordonnées du système CIELUV $u' - u'_n$ et $v' - v'_n$ (u'_n = 0,197 827 et v'_n = 0,468 340 sont les coordonnées de l'illuminant D65) à partir des coordonnées *x* et *y*, sont établies à partir des deux coefficients[4] définissant l'adaptation chromatique p = 1,0043523 et q = 0,9218079. Elles s'écrivent :

$$u' - u'_{\mathrm{n}} = \frac{1{,}488700\,x + 0{,}007667\,y - 0{,}026388}{1 - 0{,}634422\,x + 4{,}455226\,y} - 0{,}197827 \qquad (1)$$

$$v' - v'_{\mathrm{n}} = \frac{3{,}275944\,y}{1 - 0{,}634422\,x + 4{,}455226\,y} - 0{,}468340 \qquad (2)$$

A partir des résultats obtenus par transformation des données de la table initiale 2.8 par les relations (1) et (2), toutes les autres valeurs nécessaires s'en déduisent, d'abord l'angle de teinte h_{uv} par les relations usuelles, puis les coordonnées d'autres indices que S = 5 en utilisant la proportionnalité des coordonnées aux valeurs d'indice *S* dans le système CIELUV. Des interpolations selon les recommandations CIE[10] sont utilisées lorsque cela est nécessaire.

Les résultats de transformation sont donnés dans la table 1 et ont servi de base au nouveau fractionnement chromatique qui figure dans la table 2. La longueur d'onde dominante, grandeur très utile, ignorée dans le travail de 1977, a été déterminée pour chaque indice de tonalité à partir de calculs préliminaires faits pour une série d'angles de teinte. La table donne aussi, pour les tonalités *T* présentes, les coordonnées trichromatiques $u' - u'_n$ et $v' - v'_n$ des couleurs d'indice S = 5, base du calcul de cet indice *S* dans le système CIELUV.

Les résultats obtenus par cette transformation montrent que les angles de teinte et les longueurs d'onde dominantes des droites de tonalité constante varient peu lors du changement d'illuminant de référence, l'adaptation chromatique jouant seulement un rôle correcteur. On peut estimer en effet les écarts d'angle de teinte dus au passage de l'illuminant C à l'illuminant D65 au maximum à +2° environ pour les teintes vertes et –2° environ pour les teintes orangées et rouges. Les résultats obtenus sont pratiquement identiques à ceux qui peuvent être déduits de la norme DIN.

Le passage au système CIELUV déduit du système CIE 1964 $X_{10}Y_{10}Z_{10}$, relatif à un champ large de vision, aurait été un choix préférable. Mais il n'existe aucune méthode de transformation des données établies pour un observateur de référence avec un champ de vision de 2°, en valeurs pour un observateur de référence avec un champ de vision de 10°, et les tentatives faites en ce sens par la normalisation allemande[7] ont montré de substantiels désaccords entre les résultats de transformation et les observations visuelles. Cette transformation n'est donc pas envisageable.

TABLE 1 – Valeurs CIELUV pour l'illuminant D65 correspondant à l'indice de tonalité *T*
(voir aussi les relations 7 et 8 à la page suivante)

T Indice de tonalité (seules les valeurs de T du fractionnement chromatique figurent ici)
h_{uv} Angle de teinte en degrés, correspondant à l'indice T
λ_d Longueur d'onde dominante ou complémentaire, correspondant à l'indice T
$u' - u'_n$ et $v' - v'_n$ Coordonnées trichromatiques des couleurs d'indice S = 5 et d'indice T
(u'_n = 0,197 827 v'_n = 0,468 340 coordonnées de l'illuminant D65)
$s_{uv}(5)$ Saturation CIELUV des couleurs ayant les coordonnées mentionnées (T et S = 5)
$s_{uv}(1)$ = $s_{uv}(5)$ / 5

T	h_{uv} (degrés)	λ_d (nm)	$u' - u'_n$	$v' - v'_n$	$s_{uv}(5)$	$s_{uv}(1)$
0,0	276,45	426,8	0,015 557	-0,137 576	1,800	0,360
0,4	272,85	449,0	0,006 980	-0,140 345	1,827	0,365
1,4	264,41	466,2	-0,013 802	-0,141 050	1,843	0,369
3,4	245,71	478,0	-0,048 739	-0,108 070	1,541	0,308
4,4	230,75	482,6	-0,062 312	-0,076 245	1,280	0,256
5,8	197,72	490,2	-0,072 826	-0,023 267	0,994	0,199
7,8	153,74	510,0	-0,061 553	0,030 373	0,892	0,178
8,8	134,88	540,6	-0,047 410	0,047 608	0,873	0,175
11,4	78,67	572,7	0,013 223	0,065 956	0,875	0,175
11,6	75,09	573,8	0,017 552	0,065 962	0,887	0,177
11,8	71,94	574,7	0,021 482	0,065 903	0,901	0,180
12,4	63,10	577,4	0,033 165	0,065 401	0,953	0,191
12,6	60,00	578,4	0,037 600	0,065 087	0,977	0,195
12,8	56,74	579,4	0,042 446	0,064 686	1,006	0,201
13,4	47,85	582,5	0,057 125	0,063 084	1,106	0,221
13,8	43,35	584,3	0,065 586	0,061 930	1,173	0,235
14,4	37,99	586,6	0,076 948	0,060 115	1,269	0,254
14,8	34,54	588,3	0,085 144	0,058 601	1,344	0,269
15,6	27,87	592,2	0,103 197	0,054 576	1,518	0,304
15,8	26,30	593,3	0,107 909	0,053 336	1,565	0,313
16,4	21,91	597,0	0,121 969	0,049 062	1,709	0,342
17,4	15,16	605,3	0,142 476	0,038 608	1,919	0,384
18,4	8,85	622,7	0,146 722	0,022 857	1,930	0,386
19,2	4,21	*-493,6*	0,144 477	0,010 636	1,883	0,377
20,2	349,92	*-498,6*	0,132 066	-0,023 515	1,744	0,349
20,4	345,53	*-500,8*	0,127 553	-0,032 947	1,712	0,342
20,8	335,15	*-508,5*	0,115 145	-0,053 263	1,649	0,330
21,0	329,48	*-515,3*	0,107 768	-0,063 543	1,626	0,325
21,8	308,98	*-547,9*	0,078 465	-0,096 973	1,621	0,324
22,4	298,76	*-556,3*	0,061 073	-0,111 239	1,649	0,330
23,2	285,97	*-563,1*	0,036 429	-0,127 325	1,722	0,344
24,0	276,45	426,8	0,015 557	-0,137 576	1,800	0,360

Les longueurs d'onde complémentaires sont en italique et précédées du signe –

1.3 DÉTERMINATION DU DOMAINE CHROMATIQUE D'UNE COULEUR DE SURFACE

Dans la méthode initiale, le domaine chromatique était défini, a-t-il été précisé, par un indice de tonalité *T*, un indice de saturation *S* et un indice de clarté *Y*.
L'indice de tonalité *T* ne dépend que de l'angle de teinte h_{uv} de ce fait celui-ci peut le remplacer, ce qui représente une importante simplification. L'indice de clarté *Y* peut également être remplacé par la clarté CIE L^* qui ne dépend que de lui. Dans le travail initial les représentations graphiques étaient établies selon une échelle en racine carrée de la composante *Y* améliorant la correspondance avec la perception visuelle. L'utilisation de la clarté CIE représente donc une amélioration légitime.

En ce qui concerne la saturation, il est important de remarquer que le facteur de proportionnalité qui lie l'indice *S* à la saturation CIELUV s_{uv} dépend de l'angle de teinte h_{uv}. De ce fait il n'est pas possible de remplacer l'indice *S* par la saturation CIELUV s_{uv}. Le facteur de proportionnalité a été évalué empiriquement par M. Richter. Les tables du document X 08-010 s'y réfèrent. Cette relation empirique est une source de complication supplémentaire qui sera abordée plus loin au paragraphe 1.3.2.

1.3.1 Calcul des grandeurs définissant les domaines chromatiques

Les mesures colorimétriques classiques d'une surface colorée fournissent aujourd'hui le plus souvent les trois valeurs L^* a^* b^* du système CIELAB et parfois les trois valeurs L^* u^* v^* du système CIELUV, systèmes normalisés depuis des années. Ici nous utiliserons le système CIELUV en notant que si l'on a seulement les valeurs CIELAB on peut en déduire aisément les trois composantes *X Y Z* du système CIE 1931 qui permettront ensuite de calculer les valeurs CIELUV.

A partir des valeurs L^* u^* v^* du système CIELUV évaluées avec D65 comme neutre de référence, on calcule : l'angle de teinte CIELUV h_{uv} et la saturation CIELUV s_{uv} grandeurs qui avec la clarté CIE L^* vont donner trois valeurs permettant d'accéder au domaine chromatique de la couleur concernée.

Rappelons ci-dessous les relations classiques nécessaires, figurant dans les diverses normes[3, 5, 6] Afnor X 08-014 ou CIE S 014-5 et CIE S 014-4 ou ISO 11664-5 et ISO 11664-4 :

$$C^*_{uv} = (u^{*2} + v^{*2})^{1/2} \qquad (3)$$

$$s_{uv} = C^*_{uv} / L^* \qquad (4)$$

$$h_{uv} = \mathrm{tg}^{-1}(v^*/u^*) \qquad (5)$$

Note : *L'angle de teinte (en degrés) doit être corrigé pour être compris entre 0 et 360. Ce résultat peut être plus facilement obtenu en utilisant les relations qui suivent :*

si $v^* \neq 0$ $\quad h_{uv} = 90\,[2 - \mathrm{sgn}(v^*)] - \mathrm{tg}^{-1}(u^*/v^*)$ (6)

si $v^* = 0$ et $u^* \neq 0$ $\quad h_{uv} = 90\,[1 - \mathrm{sgn}(u^*)]$ (6b)

si $u^*, v^* = 0$ $\quad h_{uv}$ est indéterminé, mais le choix $h_{uv} = 0$ est possible

Dans la relation (6) il s'agit bien de l'arc tangente du rapport u^*/v^* contrairement à la relation (5).

La fonction "sgn" est la fonction signe qui vaut 1 pour un argument positif, –1 pour un argument négatif.

On peut également calculer les coordonnées $u' - u'_n$ et $v' - v'_n$ définies précédemment

$$u' - u'_n = u^*/(13\,L^*) \quad \text{et} \quad v' - v'_n = v^*/(13\,L^*) \qquad (7)$$

$$s_{uv} = C^*_{uv} / L^* = 13\,[(u' - u'_n)^2 + (v' - v'_n)^2]^{1/2} \qquad (8)$$

Pour transformer les valeurs CIELAB dans celles du système CIELUV on détermine d'abord les composantes trichromatiques *X, Y, Z,* par les trois relations (9 - 10 - 11) ci-dessous, puis on utilisera la relation (12), la valeur de la clarté L^* étant la même dans les deux systèmes :

$$Y = 100\left[\frac{L^* + 16}{116}\right]^3 \qquad X = 95{,}04\left[\frac{L^* + 16}{116} + \frac{a^*}{500}\right]^3 \qquad Z = 108{,}88\left[\frac{L^* + 16}{116} - \frac{b^*}{200}\right]^3 \qquad (9 - 10 - 11)$$

$$u^* = 13\,L^*\left[\frac{4\,X}{X+15\,Y+3\,Z} - 0{,}197\,827\right] \qquad v^* = 13\,L^*\left[\frac{9\,Y}{X+15\,Y+3\,Z} - 0{,}468\,340\right] \qquad (12)$$

Note : *Ces relations (9 - 10 - 11) ne sont pas valables si l'un des rapports Y/100 ou X/95,04 ou Z/108,88 est inférieur à* $(6/29)^3 = 0{,}008856$. *Si c'est le cas, rare pour des couleurs de surface, il faut utiliser les relations données dans l'annexe de la norme*[5] *CIE S 014-4.*

1.3.2 Calcul de l'indice de saturation

Le facteur qui lie l'indice *S* et la saturation CIELUV s_{uv} s'obtient à partir des couleurs d'indice *S* égal à 5 obtenues lors de la transformation de la table 2.8 déjà citée. Cette saturation s_{uv} se calcule par la relation (8) à partir des coordonnées transformées. Elle figure dans la table 1 où elle a été notée s_{uv} (5). Pour une valeur fixée de l'angle de teinte, on a :

$$\frac{S}{5} = \frac{s_{uv}}{s_{uv}(5)} \qquad S = \frac{5}{s_{uv}(5)}\,s_{uv} = \frac{5}{s_{uv}(5)}\,\frac{C^*_{uv}}{L^*} = \frac{1}{\sigma}\,\frac{C^*_{uv}}{L^*} \qquad (13)$$

en posant $\sigma = s_{uv}(5)\,/\,5$. La grandeur σ représente l'unité de saturation, fonction de h_{uv}. Cette grandeur est aussi la valeur de C^*/L^* pour un indice de saturation $S = 1$, c'est-à-dire $\sigma = s_{uv}(1)$.

On a donc simplement : $S = s_{uv}\,/\,\sigma = (1\,/\,\sigma)\ C^*_{uv}\,/\,L^*$ puisque $s_{uv} = C^*_{uv}\,/\,L^*$ (13b)

L'utilisation de la relation précédente devrait nécessiter, pour chaque angle de teinte, de recourir à une table des valeurs de $\sigma = s_{uv}(5)\,/\,5$. Il est préférable d'utiliser une formule empirique, par exemple celle ci-dessous où les angles sont exprimés en degrés :

$$\begin{aligned}\sigma = 0{,}1008 \ &+ 0{,}00284\,/\,[1 - 0{,}970\cos(h_{uv} - 13{,}5)] \quad + 0{,}0267\,/\,[1 - 0{,}750\cos(h_{uv} - 12{,}4)] \ldots\ldots \\ &+ 0{,}01370\,/\,[1 - 0{,}888\cos(h_{uv} - 264{,}5)] \quad + 0{,}0242\,/\,[1 - 0{,}700\cos(h_{uv} - 265)] \ldots\ldots \\ &+ 0{,}00044\,/\,[1 - 0{,}962\cos(h_{uv} - 355)] \quad \ldots\ldots \\ &+ 0{,}0109\ (1 + \cos(h_{uv} - 175))^{3/2} \quad + 0{,}0061\ (1 + \cos(h_{uv} - 327))^4 \qquad (14)\end{aligned}$$

Note : *Les fonctions cosinus assurent une identité de valeurs numériques pour 0° et 360°*

La valeur obtenue par la relation (14) diffère en moyenne de ± 1,3 % environ de celle obtenue par adaptation chromatique, l'écart maximum est de l'ordre de ± 0,0025. Il n'a pas été trouvé de meilleure relation, mais ces écarts peuvent être négligés compte tenu de la précision avec laquelle les données DIN et Afnor ont été établies. La relation (14) a été considérée comme définissant la grandeur σ. On peut dans certains cas se dispenser de recourir à cette relation en consultant les valeurs de σ données dans la table 21 pour diverses valeurs de h_{uv}.

1.3.3 Recherche du domaine chromatique

Ainsi, l'angle de teinte h_{uv}, l'indice *S* et la clarté L^* permettent de repérer le domaine chromatique où est mentionné le nom de la couleur associée à ce domaine. Pour cela on sélectionne dans la table 2, où figurent les angles de teinte, le numéro du diagramme représentatif du domaine considéré. En s'y reportant on repère par ses coordonnées le domaine chromatique de la couleur étudiée et on y lit sa dénomination. Le chapitre suivant montre qu'il est possible d'obtenir cette dénomination d'une autre manière.

Dans la méthode initiale, la détermination des indices *T* et *S* à partir des coordonnées *x* et *y* n'est pas envisagée dans le texte de 1977 et se révèle approximative et très peu pratique. La manière la plus simple est de chercher dans les représentations graphiques n°s 2, 3 ou 4 du triangle des couleurs le point dont on connaît les coordonnées et de lire la valeur de ces deux indices. Une loupe n'est pas inutile ! A partir des coordonnées on peut aussi évaluer approximativement la valeur des indices *T* et *S* en consultant les tables 2.1 à 2.15 pour repérer la case où figurent des coordonnées sensiblement égales à celles dont on est parti. On peut ensuite se reporter aux coupes axiales convenables.

TABLE 2 – Fractionnement chromatique pour CIELUV et l'illuminant D65

Les valeurs de σ figurant dans cette table ont été calculées par la relation (14).

En multipliant C^*_{uv}/L^* par $1/\sigma$ on obtient l'indice S

En multipliant l'indice S par σ on obtient le rapport C^*_{uv}/L^*

FAMILLES de TEINTES	Diagrammes clarté - saturation				λ dominant	Limites des angles de teinte h_{uv}
	Numéros	Angle h_{uv}	$1/\sigma$	σ		
VIOLET-POURPRE	1	290°	2,96	0,338	– *561,2*	286° ≤ h < 299°
VIOLET	2	280°	2,81	0,355	– *565,6*	273° ≤ h < 286°
VIOLET-BLEU	3	270°	2,71	0,369	456,8	264° ≤ h < 273°
BLEU-VIOLET	4	250°	3,09	0,324	476,2	246° ≤ h < 264°
BLEU	5	236°	3,70	0,270	481,1	231° ≤ h < 246°
BLEU-VERT	6	210°	4,67	0,214	487,4	198° ≤ h < 231°
VERT-BLEU	7	170°	5,43	0,184	498,6	154° ≤ h < 198°
VERT	8	140°	5,74	0,174	532,4	135° ≤ h < 154°
VERT-JAUNE	9	100°	5,92	0,169	565,6	79° ≤ h < 135°
JAUNE-VERT	10	76°	5,62	0,178	573,5	75° ≤ h < 79°
	11	74°	5,58	0,179	574,1	72° ≤ h < 75°
JAUNE	12	68°	5,40	0,185	575,9	63° ≤ h < 72°
	13	62°	5,18	0,193	577,7	60° ≤ h < 63°
	14	58°	5,01	0,200	579,0	57° ≤ h < 60°
JAUNE-ORANGÉ	15	52°	4,72	0,212	581,0	48° ≤ h < 57°
	16	46°	4,40	0,227	583,2	43° ≤ h < 48°
ORANGÉ-JAUNE	17	40°	4,05	0,247	585,7	38° ≤ h < 43°
	18	36°	3,81	0,262	587,6	35° ≤ h < 38°
ORANGÉ	19	30°	3,43	0,292	590,9	28° ≤ h < 35°
	20	27°	3,24	0,309	592,8	26° ≤ h < 28°
ORANGÉ-ROUGE	21	24°	3,05	0,328	595,1	22° ≤ h < 26°
	22	20°	2,81	0,356	598,9	15° ≤ h_u < 22°
ROUGE-ORANGÉ	23	12°	2,57	0,390	611,7	9° ≤ h < 15°
ROUGE	24	6°	2,62	0,382	647,9	4° ≤ h < 9°
ROUGE-POURPRE	25	0°	2,73	0,366	– *494,9*	0° ≤ h < 4° ou 350° ≤ h ≤ 360°
POURPRE-ROUGE	26	348°	2,90	0,345	– *499,5*	346° ≤ h < 350°
	27	340°	2,99	0,335	– *504,4*	335° ≤ h < 346°
POURPRE	28	332°	3,05	0,328	– *511,9*	329° ≤ h < 335°
	29	320°	3,09	0,324	– *532,4*	313° ≤ h < 329°
POURPRE-VIOLET	30	306°	3,08	0,324	– *550,7*	299° ≤ h < 313°

Les numéros des diagrammes, sont en progression du violet au pourpre.

Les longueurs d'onde complémentaires sont en italique et précédées du signe –

Détermination du nom d'une couleur par son champ chromatique

Programme Robert Sève : février 2014

Pour déterminer le nom d'une couleur mesurée,
celle-ci doit avoir été évaluée
pour l'observateur CIE 1931 2° avec l'illuminant D65

Entrer dans les cases appropriées ci-dessous
3 valeurs numériques évaluées pour cette couleur.
6 possibilités :

XYZ Yxy L^*x^*y $L^*a^*b^*$ $L^*C^*_{ab}\ h_{ab}$ $L^*u^*v^*$ $L^*C^*_{uv}\ h_{uv}$

MODE OPERATOIRE

1 - Effacer le contenu de la case : Code en **E6**
2 - Entrer case **E2** la première valeur évaluée
3 - Entrer case **E3** la deuxième valeur évaluée
4 - Entrer case **E4** la troisième valeur évaluée
5 - Entrer case **E6** le code approprié de 3 lettres, soit :
   XYZ ou **Yxy** ou **Lab** ou **LChab** ou **Luv** ou **LChuv**
   Minuscules ou majuscules sans importance, mais pas d'espaces
6 - Le résultat de la détermination apparaît ci-contre
   avec **le nom de couleur**
   les équivalences numériques
   les représentations graphiques

Première valeur	71,50	L^*
Seconde valeur	38,50	C^* uv
Troisième valeur	43,00	h uv

Code des données : **LChuv**

BEIGE-ROSE moyen

Longueur d'onde dominante   584,4 nm

Equivalences numériques — CIE 2° illuminant D65

				x	y
X	Y	Z		0,3786	0,3663
44,4	42,9	29,9			
L^*	a^*	b^*		**C ab***	**h ab**
71,5	10,7	20,9		23,4	63
L^*	u^*	v^*		**C uv***	**h uv**
71,5	28,2	26,3		38,5	43

Indice de saturation   S = 2,3

Diagramme clarté saturation   N 16   JAUNE-ORANGÉ   Clarté CIE L* = 71,5

Angle de teinte = 43

(Diagramme clarté : Blanc — Clarté 100, 90, 80, 70, 60, 50, 40, 30, 20, 10, 0 — Noir ; Limite des neutres ; Echelle relative de saturation)

(Diagramme de chromaticité u' v' : Vert, Jaune, Orangé, Rouge, Pourpre, Violet, Bleu, W)

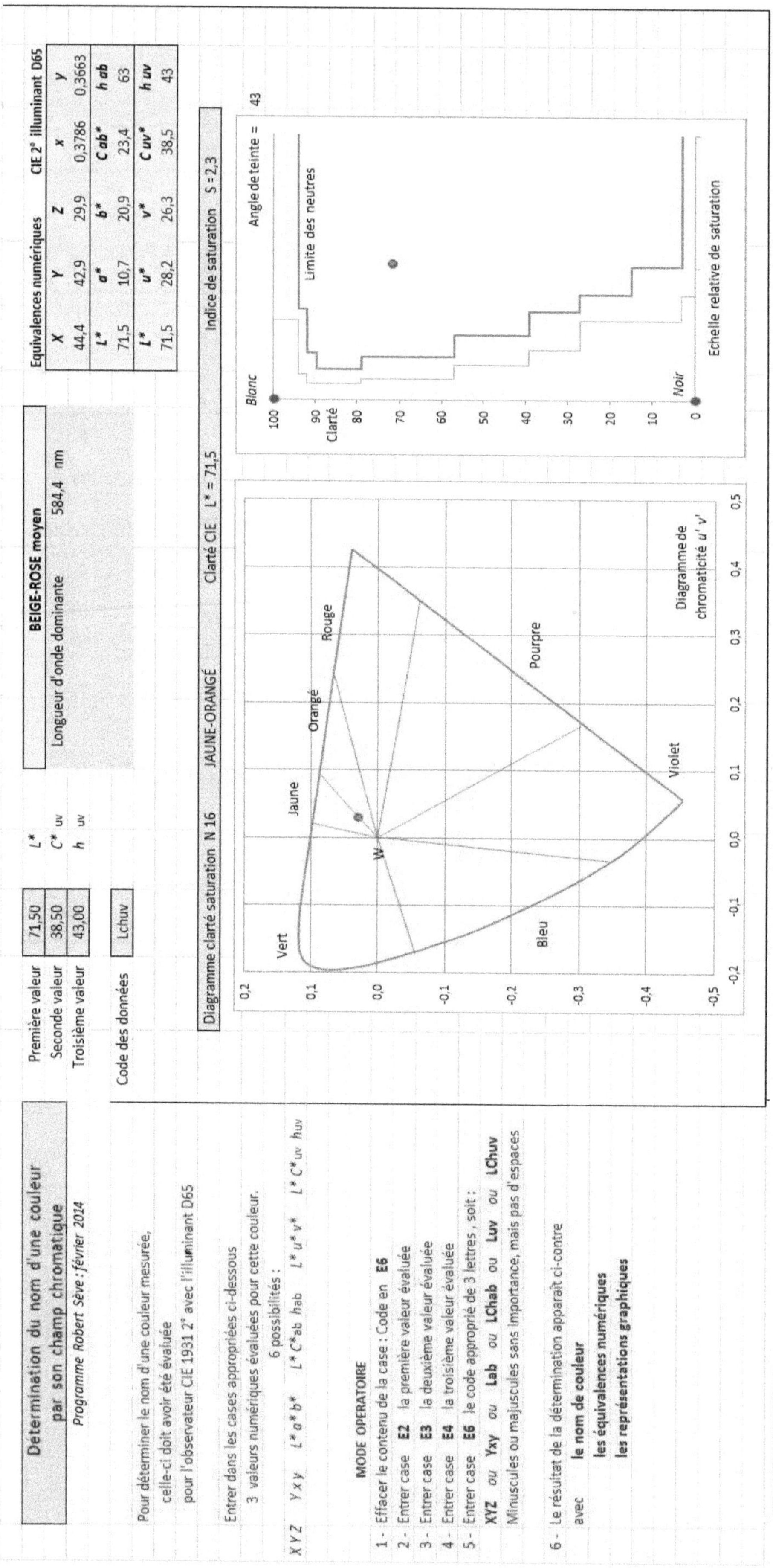

Figure 1

Reproduction de l'écran d'ordinateur du programme de recherche automatique des noms de couleurs de surface.

Le mode d'emploi est tout à gauche en ocre rouge.

On voit les trois données numériques entrées en haut et au centre dans des rectangles bleutés, ainsi que le code précisant de quelles grandeurs il s'agit.

Les résultats s'affichent dans les cartouches en jaune et en rose avec les deux représentations graphiques situées en-dessous.

Quelques différences existent entre ce schéma et le programme définitif de détermination des noms de couleur, en particulier pour les repères des cases où figurent les données à traiter.

1.3.4 Identification automatique des noms de couleur de surface

Un programme informatique EXCEL a été réalisé pour déterminer automatiquement les noms de couleurs à partir des données colorimétriques. Les données colorimétriques à introduire sont bien entendu au nombre de trois, mais le système colorimétrique employé est entièrement laissé à l'initiative de l'utilisateur.

On peut utiliser

- soit les composantes trichromatiques X, Y, Z du système CIE 1931
- soit la composante Y accompagnée des coordonnées trichromatiques x et y
- soit le système CIELUV par les grandeurs L^*, u^*, v^*
- soit le système CIELUV par les grandeurs L^*, C^*_{uv}, et h_{uv}
- soit le système CIELAB par les grandeurs L^* a^* b^*
- soit le système CIELAB par les grandeurs L^* C^*_{ab} et h_{ab}
- on peut encore utiliser les données L^*, S indice de saturation et l'angle de teinte h_{uv}.

Le système employé s'identifie par l'introduction d'un code approprié qui permet au programme d'utiliser les formules convenables.

Le programme réalise quelques vérifications sur les données pour éliminer des erreurs notoires, puis calcule à partir du système choisi l'ensemble des grandeurs des autres systèmes.

Le programme affiche en même temps le nom de la couleur résultant de la méthode décrite dans cet ouvrage, le numéro du diagramme clarté-saturation où se situe la couleur choisie avec le nom du secteur chromatique (figure 1).

Il donne également l'indice S de saturation de la couleur s'il ne figurait pas dans les données de départ, sa longueur d'onde dominante ou sa longueur d'onde complémentaire.

Quelques indications complémentaires sont éventuellement fournies quand la couleur est proche de la limite des couleurs optimales.

Deux schémas succincts permettent de visualiser la position du point de couleur introduit dans le diagramme de chromaticité CIELUV et dans une coupe de l'espace chromatique CIELUV passant par l'axe neutre pour l'angle de teinte concerné. Dans cette coupe l'échelle des abscisses qui illustre la valeur du chroma C^*_{uv} n'est qu'une échelle indicative compressée.

Le programme est d'accès libre.

Le programme est en principe sécurisé contre des modifications involontaires de l'usager. Le programme n'est cependant pas garanti contre des modifications qui pourraient se produire dans des conditions inusuelles d'emploi, ni pour des erreurs de détermination qui auraient échappé aux tests soignés de contrôle qui ont été réalisés. C'est pourquoi l'usager est invité à vérifier les résultats fournis à l'aide des indications de cet ouvrage.

Le programme informatique ne donne pas d'indications sur les limites du domaine chromatique concerné et identifié lors d'une recherche, il ne permet donc pas d'accéder à des informations complémentaires pour fixer des tolérances, obtenir des informations supplémentaires sur les domaines chromatiques voisins de ceux identifiés ou relatifs aux couleurs de la même famille, ni pour d'autres recherches. Pour toutes ces raisons, l'utilisation de cet ouvrage est donc non seulement utile, mais recommandée.

Chapitre 2 : DOMAINES CHROMATIQUES & DÉNOMINATIONS

De tous temps les couleurs ont été nommées et la variété des domaines d'intérêt a nourri la variété des dénominations. Un grand nombre de travaux peuvent donc être cités dans le domaine de la dénomination des couleurs. Ils prennent en considération quantité d'aspects du sujet liés en particulier à l'histoire, aux langues, aux connotations, aux symboles, aux usages, en bref à l'humain[26]. Parmi les études consacrées à ce vaste domaine citons également l'important travail de la linguiste Annie Mollard-Desfour[19] qui présente, explicite, relie et décrit un ensemble considérable de termes de couleur. Ce n'est pas le sujet de cette publication que d'étudier ces aspects du langage des couleurs.

Un certain nombre de publications, se rapprochant davantage du sujet de ce travail, ont eu pour objet plus particulier de faire correspondre une dénomination des couleurs à une réalité concrète identifiée par une collection de couleurs. Une publication[14] assez ancienne a présenté une relation de noms génériques de couleurs avec la figuration plane d'un diagramme de chromaticité. Cette publication qui ne concernait que la couleur des sources de lumière a bien souvent été reproduite en la transposant à des couleurs de surface (figure 2). Des reproductions en couleur du même type sont fréquentes. Ce faisant on s'expose à des méprises car on occulte la clarté des couleurs avec l'oubli des couleurs sombres qui possèdent les mêmes coordonnées trichromatiques et se placent au même endroit que des couleurs claires. Par exemple dans le secteur des jaunes, deux couleurs placées au même point du diagramme de chromaticité, l'une très claire sera perçue comme un ivoire et l'autre très sombre perçue comme un brun. Si l'aspect bidimensionnel peut être satisfaisant pour des sources de lumière, à condition de préciser les niveaux de luminance et les conditions d'observation, de telles représentations pour les couleurs de surface sont inadéquates et nécessitent une interprétation tenant compte de l'aspect tridimensionnel.

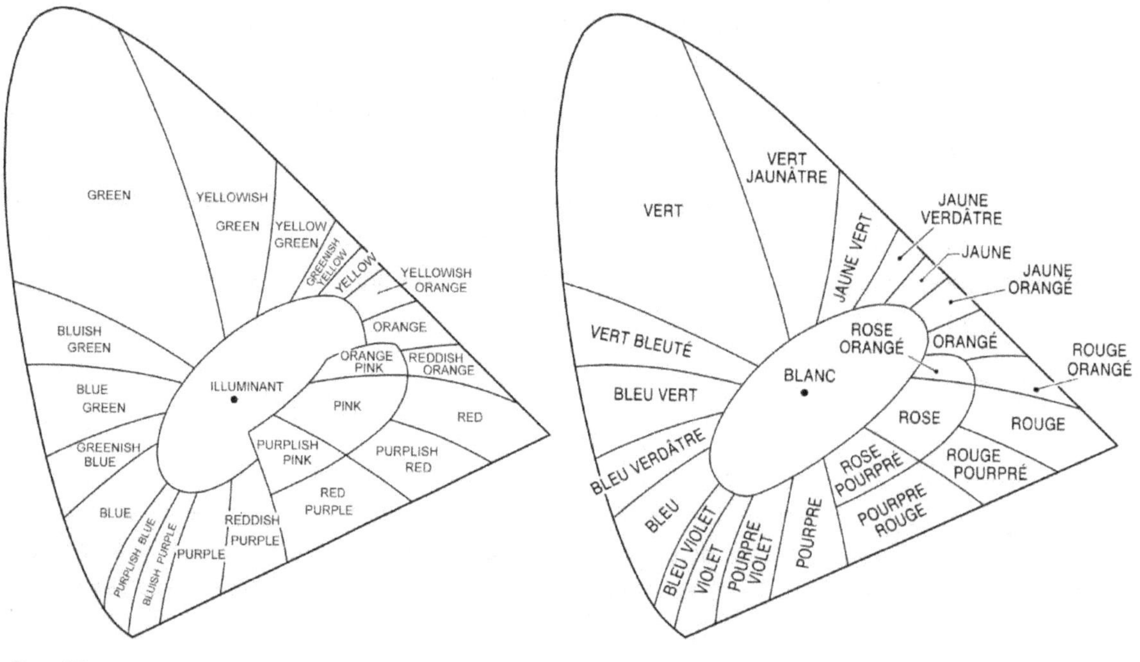

Figure 2 – *Diagrammes de chromaticité x y avec indication de domaines chromatiques associés à un nom de couleur. A gauche un schéma[14] de 1950 en anglais, limité aux sources de lumière. A titre d'exemple à droite, un schéma[12] de1990 en français pour les couleurs de surface, qui, visiblement s'en inspire. Notez cependant les différences de la zone centrale et celles des dénominations pour le pourpre et le violet*

Une publication[15] de l'ISCC faite en liaison avec le NBS dès 1939 aborde d'ailleurs les trois dimensions de l'espace chromatique découpé en blocs jointifs. Chacun est identifié par une locution obtenue grâce à une liste réduite et simple de mots de couleur d'usage relativement courant[17, 18]. Ces publications sont des antériorités évidentes à la publication Afnor de 1977. Cependant, de manière plus précise on constate que cette publication relie les dénominations de couleurs au système ordonné de couleurs Munsell et aux surfaces matérielles colorées de cet atlas (figure 3). Malgré les analogies l'objectif de notre travail est nettement différent. C'est celui d'une correspondance entre une dénomination simple des couleurs de surface et une identification des couleurs par un triplet de valeurs numériques résultant de mesures physiques et reliant ainsi les dénominations aux systèmes colorimétriques CIE. Bien que pour les surfaces Munsell des publications donnent leurs valeurs colorimétriques, il n'est pas facile dans leur cas d'utiliser les dénominations pour donner un nom à une couleur dont on a mesuré les caractéristiques colorimétriques. Ainsi l'objet et l'utilisation des deux méthodes ne peuvent qu'être nettement dissociés.

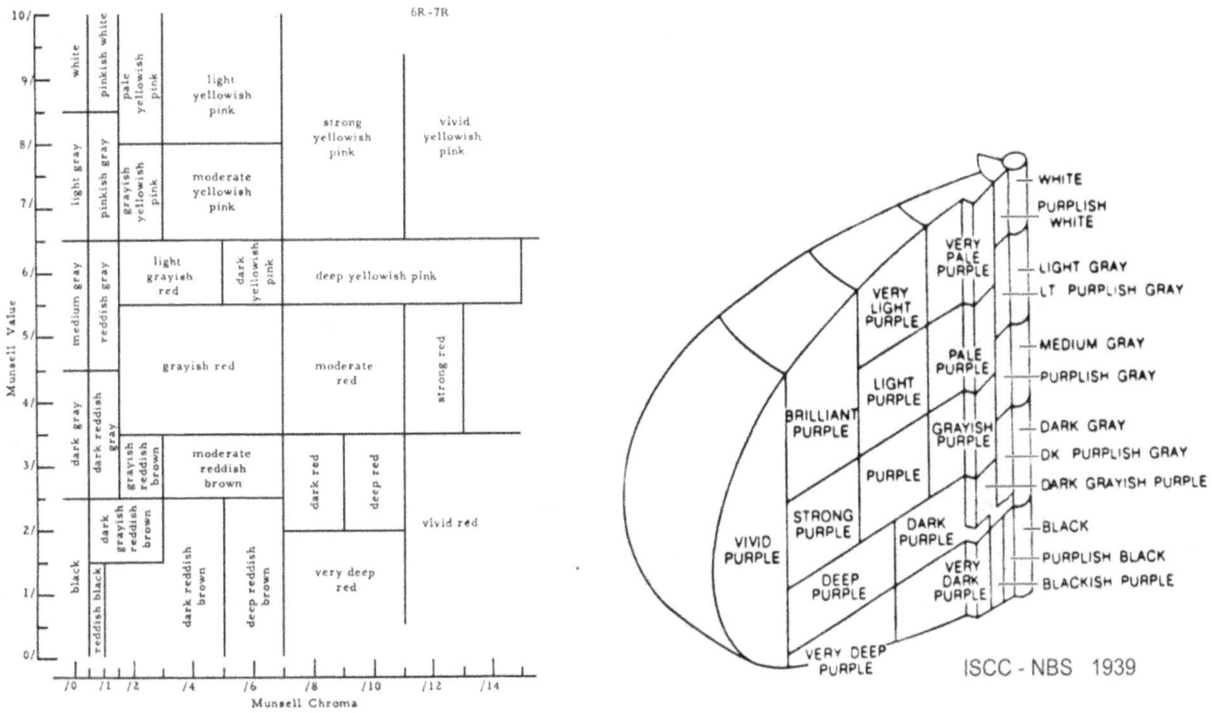

Figure 3 – *Découpage de l'espace chromatique*[15, 17, 25] *en domaines associés à un nom de couleur.*
A gauche, section plane, à partir de l'axe neutre, créant une liaison entre les surfaces de l'atlas Munsell et une dénomination de couleur.
A droite, vue perspective montrant le découpage d'un secteur de l'espace chromatique, en divers blocs désignés par un nom de couleur. Notez la forme complexe des domaines : "dark purple" et "dark grayish purple".

2.1 DOMAINES CHROMATIQUES

Les domaines chromatiques définis par le GPEM/PV et étudiés dans cette publication sont des portions de l'espace des couleurs, le découpant dans sa totalité en zones jointives, limitées par des surfaces correspondant à des valeurs fixées de clarté, de teinte et de saturation. Chaque domaine ainsi défini est identifié par une dénomination chromatique particulière, choisie par le GPEM/PV selon une certaine logique lexicale. Découpage et dénomination sont en fait deux aspects dissociables, le choix des dénominations pouvant être remis en cause tout en conservant les limites des domaines chromatiques et vice versa.

Dans l'espace chromatique CIELUV, avec des coordonnées trirectangulaires L^* u^* v^*, ou avec des coordonnées cylindriques L^* C^*_{uv} h_{uv}, les domaines chromatiques sont limités :

1 – Par des plans radiaux passant par l'axe neutre, définis par les angles de teinte h_{uv} qui séparent les diverses tonalités.

2 – Par des plans horizontaux perpendiculaires à l'axe neutre, définis par les valeurs de clarté CIE L^*, qui séparent les diverses clartés.

3 – Par des surfaces coniques issues de l'origine des coordonnées, définies par les indices de saturation S, qui séparent les diverses saturations.

Chaque domaine chromatique du GPEM/PV se présente donc comme un bloc limité par diverses surfaces limitant son extension dans les domaines de teinte, de clarté et de saturation. Mais d'un endroit à un autre ces limites sont très diverses, de sorte que leur assemblage compact ne peut se faire simplement. En fait, on peut comprendre que, pour chaque domaine chromatique, il existe un point central significatif[16] et que l'ensemble du domaine chromatique peut être représenté autour de ce point par une zone plus ou moins étendue, dont la forme, la taille et l'orientation varient selon les couleurs. Une telle conception ne peut, en pratique, se réaliser sans zones de recouvrement ni lacunes. La conception du GPEM/PV pour les domaines chromatiques est donc une solution pragmatique au problème du remplissage de l'espace des couleurs par les domaines chromatiques, en éliminant les ambiguïtés et les lacunes. Elle entraîne dans les limites des domaines chromatiques des créneaux et des décrochements qui sont visibles sur les diagrammes clarté-saturation, comme elles existent également dans les reproductions de la figure 3. En utilisant ces planches l'utilisateur ne doit pas perdre de vue cet aspect du sujet.

L'ensemble des domaines chromatiques remplit de manière compacte l'espace chromatique qui est limité par les couleurs optimales[23], couleurs qui possèdent la saturation maximale réalisable pour des couleurs non fluorescentes de clarté et de teinte déterminées. Mais, le découpage du GPEM/PV ne s'est pas étendu à la portion d'espace chromatique possédant un indice *S* supérieur à 7 qui concerne des couleurs de surface qui sont relativement peu fréquentes.

Le fractionnement angulaire du GPEM/PV permet d'obtenir un découpage en 7 familles principales identifiées par les noms de couleur : violet, bleu, vert, jaune, orangé, rouge, pourpre (figure 4). Les familles sont elles-mêmes divisées chacune en un nombre variable de parties formant un ensemble de 30 secteurs chromatiques (figure 5) auxquels correspondent 30 diagrammes illustratifs. Ce fractionnement angulaire en 30 familles est précisé dans la table 2, conversion des données originales avec un arrondi des valeurs d'angle de teinte. Les valeurs de la longueur d'onde dominante, calculées pour l'illuminant de référence D65, ont été déterminées et sont mentionnées dans cette table.

Le fractionnement supplémentaire par les valeurs de clarté et d'indice de saturation *S* a conduit le GPEM/PV à découper l'espace chromatique en 535 domaines chromatiques, dont 11 pour les neutres et 169 pour les couleurs presque neutres. Il n'existait pas dans le document de 1977 d'indications, autres que graphiques, fixant les limites des domaines chromatiques. Nous avons innové en introduisant les tables 3, 4 et 6 à 20 qui définissent avec précision les limites de tous les domaines chromatiques mais sans leur fixer un point central ce qui était extrêmement hasardeux sans un recours à des calculs laborieux[16] et à des examens visuels à l'évidence impossibles. Il a été arbitrairement décidé que les couleurs situées aux limites inférieures de chaque domaine (en angle de teinte, en clarté et en indice de saturation) y seraient incluses. Un index général de toutes les locutions de couleur utilisées, placé en fin d'ouvrage, permet pour chaque cas de trouver les diagrammes où elle est présente.

Ce fractionnement montre avec évidence un fait important, et peut-être assez peu reconnu. L'espacement en angles de teinte, cohérent avec celui des indices de tonalité, traduit dans CIELUV l'uniformité représentative des écarts de couleur perçus, tandis que l'espacement en secteurs de teinte s'en écarte considérablement ; resserré dans les jaunes et les orangés il est très distendu dans les verts et les bleus. La moitié des domaines chromatiques occupe seulement un quart de l'espace des couleurs. **La perception d'un écart chromatique ne coïncide pas avec le changement du nom de couleur**. Il est en effet connu, pour ne prendre qu'un exemple, que dans le domaine de teinte du bleu, toutes les nuances sont appelées bleu qu'elles soient claires ou sombres, saturées ou non. Pour le jaune-orangé au contraire, les teintes peu saturées sont des crèmes ou des beiges selon leur clarté, les teintes sombres sont des bruns, les teintes saturées sont des jaune-orangés. La variété du vocabulaire traduit des différences de perception qui sont d'une autre nature que les différences de couleur évaluées par les formules colorimétriques (CIELAB, CMC, CIEDE2000, etc.)

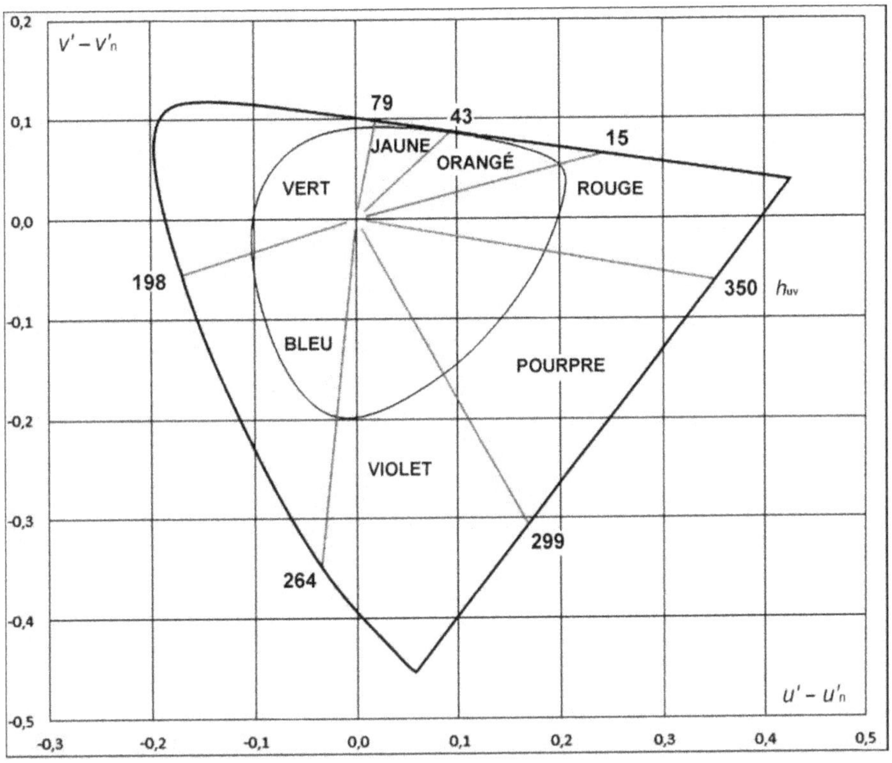

Figure 4 – *Diagramme de chromaticité CIELUV pour l'illuminant D65 montant le fractionnement angulaire en 7 secteurs de teinte principaux, identifiés par leur angle de teinte en degrés et leur dénomination. Le fractionnement annulaire n'est représenté que par la ligne d'indice de saturation S = 7 qui limite le domaine des dénominations effectuées.*

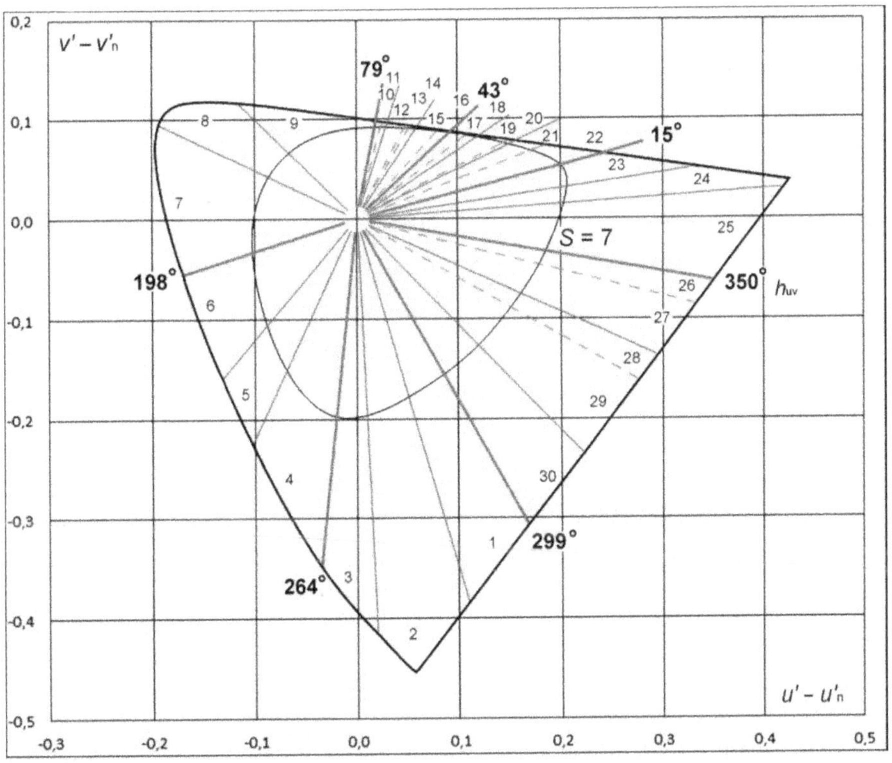

Figure 5 – *Diagramme de chromaticité CIELUV pour l'illuminant D65 montrant le fractionnement angulaire en secteurs de teinte numérotés de 1 à 30. Le diagramme semblable au précédent montre 21 secteurs de teinte limités par des traits rouges et leurs subdivisions en traits interrompus. Le fractionnement annulaire n'est représenté que par la ligne d'indice de saturation S = 7 qui limite le domaine des dénominations effectuées.*

2.2 DIAGRAMMES CHROMATIQUES

Les planches graphiques qui représentent les domaines chromatiques servent à la fois d'aide à la dénomination des couleurs et d'illustration à la disposition et à la juxtaposition de ces domaines. Des représentations en 3 dimensions ne permettant pas un emploi facile, les représentations planes sont nécessaires mais peuvent être choisies de diverses manières.

On peut par exemple effectuer des coupes de l'espace tridimensionnel, par exemple pour une série de clartés convenablement choisies, donc des coupes perpendiculaires à l'axe neutre.

On peut aussi faire des coupes passant par l'axe neutre pour un ensemble d'angles de teinte convenablement choisis. La figure 6 présente une telle coupe pour un angle de teinte de 30°, coupe pour laquelle la clarté L^* est portée en ordonnées et le chroma C^*_{uv} en abscisses. Cette coupe particulière correspond à un orangé. La forme générale du domaine chromatique de cette coupe est une sorte de triangle dont le point inférieur représente le noir parfait. La limite des chromas est celle des couleurs optimales, de forme plus ou moins complexe selon la teinte. Les lignes d'égale saturation, convergent vers le point représentatif du noir parfait.

En effet $s_{uv} = C^*_{uv} / L^*$ c'est-à-dire $C^*_{uv} = s_{uv} L^* = \sigma S L^*$ le chroma et la clarté tendant ensemble vers zéro.

En comparaison le diagramme clarté-saturation n° 19 (*voir p 68*) pour le même angle de teinte, montre qu'il s'agit d'un mode de figuration différent, lié au fait que les abscisses représentent l'indice S au lieu du chroma. Les figures du GPEM/PV faites selon ce second principe ne sont donc pas des coupes de l'espace chromatique, mais elles ont l'avantage d'avoir des lignes de découpage des domaines chromatiques parallèles aux côtés du diagramme. Par ce choix, lorsque la clarté diminue, l'échelle représentative augmente, en donnant aux couleurs sombres une place importante qui n'est pas conforme à la réalité perçue.

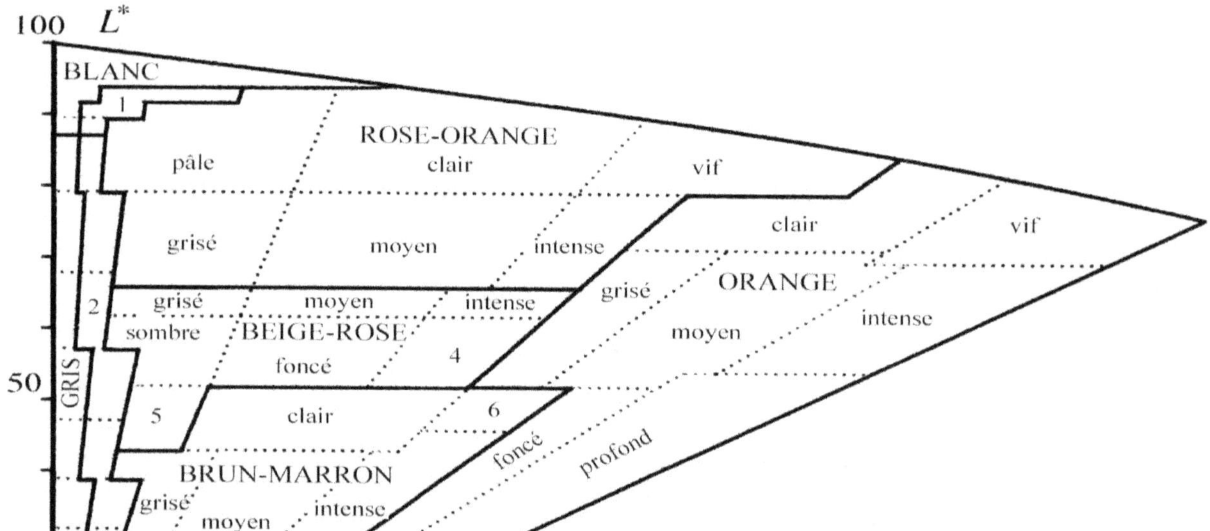

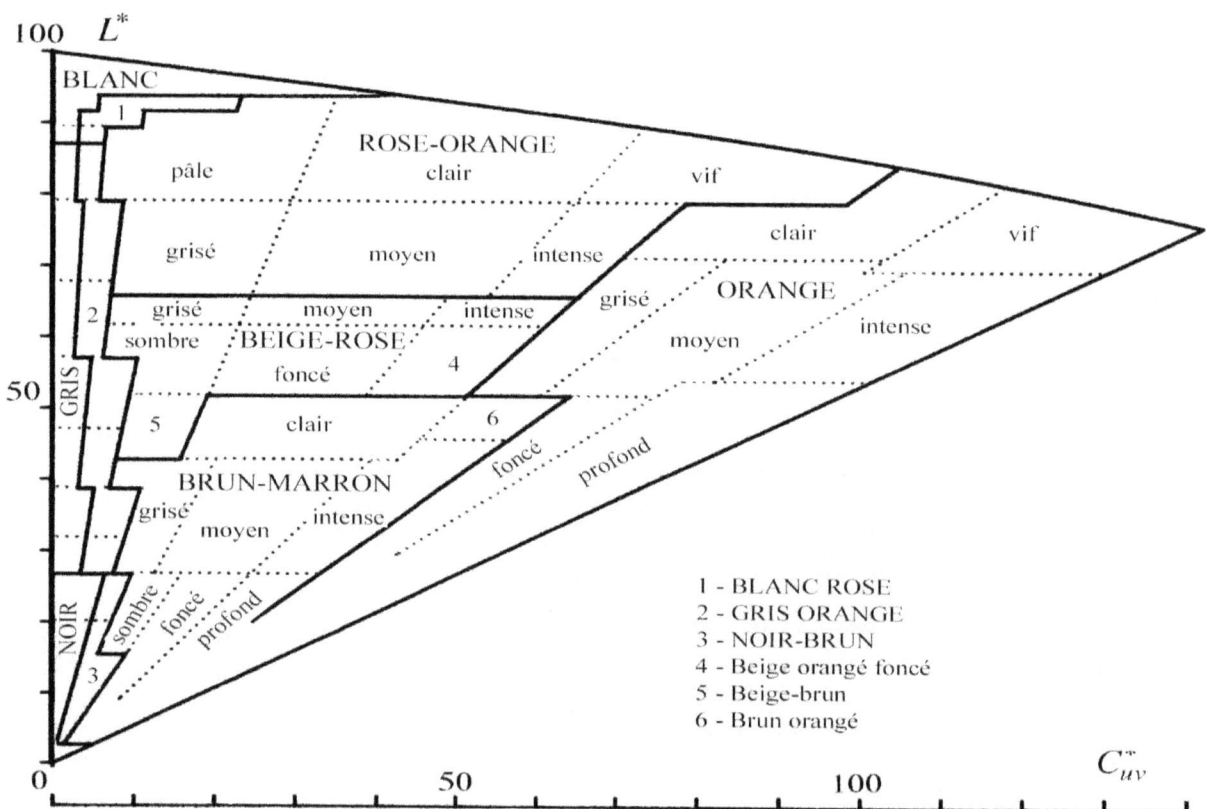

Figure 6 – *Domaines chromatiques pour un angle de teinte de 30° représentés par une coupe plane de l'espace chromatique CIELUV avec des coordonnées L^* et C^*_{uv}.*
Les lignes d'indice de saturation S constant convergent vers l'origine des coordonnées.
Figure reprise de l'ouvrage R. Sève, Science de la couleur, Chalagam éditeur[23]

En actualisant les planches illustratives, désignées dans cet ouvrage comme "diagrammes clarté-saturation", nous avons maintenu l'option de porter en abscisses une échelle de saturation plutôt que le chroma, restant ainsi au plus près du choix initial.

Deux sortes de diagrammes graphiques illustratifs ont été réalisées :

5 coupes de l'espace chromatique pour diverses valeurs de clarté L^*
30 diagrammes clarté – saturation repérés par leur angle de teinte h_{uv}.

Les coupes de l'espace chromatique pour des valeurs fixées de la clarté, complètent utilement les diagrammes clarté-saturation, seuls présents dans le document initial. Ces figures révèlent des maladresses dans le découpage de quelques champs chromatiques, voire de rares erreurs dont certaines sont déjà apparentes sur les diagrammes clarté-saturation du document de 1977 et qui ont été corrigées au mieux. Elles sont répertoriées au paragraphe 2.5.3.

2.2.1 Réalisation des diagrammes

Les diagrammes clarté-saturation sont établis à partir des limites en clarté et en saturation de chacun des 535 domaines chromatiques. A l'exception des neutres, ces limites ne font l'objet dans le document X 08-010 d'aucune spécification numérique. Celles-ci ne peuvent qu'être déduites d'un examen attentif des 30 représentations graphiques dénommées "Coupes axiales CCR". Une tâche préliminaire essentielle est donc d'établir des tables fixant ces limites.

Il est cependant nécessaire de remplacer les valeurs de la composante *Y,* lues sur les graphiques du GPEM/PV, par les valeurs de la clarté L^*. Ce remplacement est en principe aisé. Mais tandis que des valeurs entières de la composante *Y* limitent les domaines chromatiques du GPEM/PV, ce sont des valeurs correspondantes qui nécessitent des décimales pour la clarté CIE L^*. Pour éviter cette complication, des valeurs entières de la clarté CIE ont été choisies pour les limites des domaines chromatiques (à l'exception de la valeur 89,5) choix paraissant acceptable étant donné les incertitudes expérimentales.

A partir de ces déterminations, les limites des 535 domaines chromatiques ont été établies. Elles sont regroupées au chapitre 3 dans les tables 6 à 20 organisées selon les couleurs principales de ces domaines. Ces tables sont un moyen précis et sûr d'identification des domaines chromatiques, non sujet aux imprécisions de réalisation ou de lecture des diagrammes illustratifs. Pour obtenir une certitude dans l'identification des domaines chromatiques, plus spécialement dans le cas d'une proximité avec les limites de ces domaines, il est bon de consulter ces tables au chapitre 3 où les limites numériques des domaines chromatiques, exactement mentionnées, permettent de lever toute ambigüité.

Ce sont les valeurs de ces tables qui ont servi à réaliser les diagrammes clarté-saturation. Les représentations graphiques ont été réalisées pour chacun des secteurs de teinte existants, c'est-à-dire pour 30 secteurs correspondant aux valeurs mentionnées dans la table 2. Pour être précis chaque diagramme correspond à une valeur particulière de l'angle de teinte h_{uv} laquelle est mentionnée sur le graphique, contrairement aux représentations du GPEM/PV qui concernent un domaine plus ou moins étendu d'indice de tonalité. Les coordonnées de ces diagrammes, marquées en rouge sont la saturation CIELUV s_{uv} en abscisses et la clarté CIE L^* en ordonnées. L'angle de teinte étant fixé on peut alors marquer l'échelle de l'indice de saturation *S*.

Ces diagrammes dont le but le plus évident est de fournir la dénomination d'une couleur à partir de sa détermination colorimétrique ont également l'immense intérêt de faire apparaître comment les couleurs changent quand leur clarté, leur saturation ou leur angle de teinte varient et fournir en même temps une base à des spécifications. Cette aptitude est tout à fait remarquable et vient combler une lacune de la colorimétrie que seuls les atlas de couleurs pouvaient satisfaire jusqu'à présent. Mais ici point n'est besoin de recourir à des surfaces colorées matérielles, plus ou moins fidèles, susceptibles de vieillir.et qui ne sont désignées que par des codes éloignés du langage habituel en ne décrivant guère les apparences chromatiques.

2.3 DÉNOMINATION DES COULEURS DE SURFACE

Les dénominations de couleurs des domaines chromatiques sont portées sur les graphiques clarté-saturation. Bien que le document du GPEM/PV ne détaille pas les règles auxquelles obéissent ces dénominations de couleur, les conclusions qui ont pu être dégagées sont exposées ci-après.

Le vocabulaire utilisé possède en premier lieu la particularité d'être extrêmement réduit, composé seulement de 3 douzaines de mots dont la combinaison permet de distinguer les 535 domaines chromatiques. Les publications en langue anglaise de Kelly[17,18] avaient déjà exploité cette voie. Ce vocabulaire emploie 18 substantifs et 17 adjectifs. Parmi eux, 8 notent la teinte et 9 marquent l'intensité de la clarté et de la saturation. Enfin l'adverbe ***très*** est également utilisé.

Substantifs ***blanc gris noir violet bleu vert jaune orangé rouge pourpre***
ivoire crème beige rose kaki brun marron bordeaux

Adjectifs ***violacé bleuté verdâtre rose pourpre crème ivoire brun***
pâle clair intense grisé moyen vif sombre foncé profond

Ce choix répond à une logique de simplicité combinatoire assez évidente. Bien entendu il est un choix discutable et représente sans aucun doute un vocabulaire qui est plus parlant pour des usages principalement techniques. Quelques critiques soulevées par ces options du travail du GPEM/PV seront abordées au paragraphe 2.5.2.

Dans la modernisation réalisée, les dénominations GPEM/PV ont été maintenues sauf quelques exceptions. Deux qualificatifs ont été modifiés suite à un avis qualifié d'experts, réunis lors d'une étude du vocabulaire des termes de la couleur. Le qualificatif "***vif***" pour une saturation et une clarté élevées a remplacé "***lumineux***" et le qualificatif "***intense***" a remplacé "***vif***" dont la signification était ainsi modifiée. Le qualificatif "***gris***" a été remplacé par "***grisé***" pour éviter une confusion avec la couleur neutre désignée par le même mot pris comme substantif. Quelques autres modifications sont mentionnées au paragraphe 2.5.4.

2.3.1 – Couleurs neutres

Le domaine des couleurs strictement neutres est indépendant de l'angle de teinte, les concernant tous sans distinction et s'étend entre un indice de saturation nul (au contact de l'axe neutre) et des valeurs très faibles de cet indice, variables selon la clarté et précisées dans la table 3.

Ce domaine est décrit par les mots : ***blanc, blanc-gris, gris, noir-gris, noir***

Les blancs ne dépassent pas l'indice $S = 1$ si la clarté L^* est supérieure à 94, un indice $S = 0,25$ si la clarté est comprise entre 92 et 94 et un indice $S = 0,15$ si la clarté est comprise entre 92 et 89,5.

Les gris couvrent le domaine de clarté L^* qui s'étend entre 27 et 87 (Y de 5 à 70). Les limites de saturation et de clarté sont précisées dans la table 3. Sept qualificatifs de clarté sont utilisés :

très clair, clair, moyen clair, moyen, moyen foncé, foncé, très foncé.

Les noirs ne dépassent pas l'indice $S = 1$ si la clarté L^* est inférieure à 20 et un indice $S = 1,5$ si la clarté est inférieure à 3.

2.3.2 – Couleurs presque neutres

Le domaine des couleurs presque neutres, ou pratiquement neutres, est le domaine contigu au précédent avec des limites en saturation indépendantes de l'angle de teinte. Il s'étend jusqu'à un indice de saturation un peu plus élevé que le précédent, précisé dans la table 3.
Ces couleurs sont décrites par les mêmes mots et avec les mêmes qualificatifs de clarté qu'elles soient strictement neutres ou presque neutres, mais ces qualificatifs de clarté sont complétés par un qualificatif chromatique lié à leur angle de teinte.

Table 3 – Domaines chromatiques des couleurs neutres et presque neutres

Pour les neutres, les domaines sont indépendants de l'angle de teinte.

Les limites de clarté sont identiques pour les couleurs neutres et les couleurs presque neutres.

Dénominations		Clarté L^*	Limites des indices de saturation S	
			Neutres	Presque neutres
BLANC		$94 \le L^* \le 100$	$S < 1{,}0$	$1{,}0 \le S \le$ Couleur optimale
		$92 \le L^* < 94$	$S < 0{,}25$	$0{,}25 \le S < 1{,}2$
		$89{,}5 \le L^* < 92$	$S < 0{,}15$	$0{,}15 \le S < 0{,}50$
BLANC-GRIS		$87 \le L^* < 89{,}5$		$0{,}15 \le S < 0{,}30$
GRIS	Très clair	$79 \le L^* < 87$	$S < 0{,}15$	$0{,}15 \le S < 0{,}30$
	Clair	$67 \le L^* < 79$	$S < 0{,}20$	$0{,}20 \le S < 0{,}45$
	Moyen clair	$57 \le L^* < 67$		
	Moyen	$47 \le L^* < 57$	$S < 0{,}35$	$0{,}35 \le S < 0{,}75$
	Moyen foncé	$39 \le L^* < 47$		
	Foncé	$32 \le L^* < 39$	$S < 0{,}55$	$0{,}55 \le S < 1{,}15$
	Très foncé	$27 \le L^* < 32$		
NOIR-GRIS		$20 \le L^* < 27$	$S < 1{,}0$	$1{,}0 \le S < 1{,}5$
NOIR		$15 \le L^* < 20$		
		$3 \le L^* < 15$		$1{,}0 \le S < 2{,}2$
		$0 \le L^* < 3$	$S < 1{,}5$	$1{,}5 \le S \le$ Couleur optimale

Table 4 – Qualificatifs chromatiques des couleurs presque neutres

BLANC et BLANC-GRIS	Limites d'angle de teinte h_{uv} en degrés	NOIR et NOIR-GRIS	Diagrammes
violacé	$264 \le h < 286$	violacé	2 et 3
bleuté	$198 \le h < 264$	bleuté	4 à 6
verdâtre	$79 \le h < 198$	verdâtre	7 à 9
ivoire	$60 \le h < 79$		10 à 13
crème	$38 \le h < 60$	brun	14 à 17
rosé	$15 \le h < 38$		18 à 22
	$0 \le h < 15$ ou $329 \le h < 360$	violacé	23 à 28
pourpre	$286 \le h < 329$		29 – 30 et 1

Pour le blanc et le blanc-gris, 7 qualificatifs de teinte sont utilisés :

violacé, bleuté, verdâtre, ivoire, crème, rosé, pourpre.

Pour le noir-gris et le noir, seuls 4 qualificatifs sont utilisés :

violacé, bleuté, verdâtre, brun.

Pour les gris, le qualificatif de teinte est toujours un substantif associé à "gris", lié à l'angle de teinte du gris et noté avec une barre inclinée après le mot gris. Exemple : "gris / violet-bleu" pour le graphique 1 concernant la teinte violet-bleu et "gris / vert" pour le graphique 6 concernant la teinte verte, etc. A ces désignations s'ajoutent les 7 qualificatifs de clarté déjà évoqués à propos des neutres.

2.3.3 – Couleurs de base non neutres

Le nom est composé de deux parties : un nom de teinte et un qualificatif qui précise les niveaux de clarté et de saturation.

Le nom de teinte utilise d'abord l'un des 7 noms de base usuels :

violet, bleu, vert, jaune, orangé, rouge, pourpre.

Mais ces noms peuvent être utilisés seuls ou associés deux à deux par teintes voisines, triplant ainsi leur nombre pour former une série de 21 noms de teinte repris dans les tables 1 et 2. Ces mots sont des substantifs liés par un trait d'union si le mot est double. Dans l'ordre du spectre ce sont :

violet-pourpre,	***violet,***	***violet-bleu,***
bleu-violet,	***bleu,***	***bleu-vert,***
vert-bleu,	***vert,***	***vert-jaune,***
jaune-vert,	***jaune,***	***jaune-orangé,***
orangé-jaune,	***orangé,***	***orangé-rouge,***
rouge-orangé,	***rouge,***	***rouge-pourpre,***
pourpre-rouge,	***pourpre,***	***pourpre-violet.***

Dans cette liste, le *violet-bleu* est un violet mais teinté de bleu, il est donc plus proche de la teinte violette que le *bleu-violet* qui est d'abord un bleu, mais teinté de violet et ainsi de suite.

Ces couleurs sont présentes dans tous les secteurs de teinte et du fait qu'il existe un découpage en 30 secteurs de teinte, quelques termes de cette série de 21 locutions de couleur sont présents dans plusieurs secteurs, bien qu'en général leurs limites de domaines chromatiques évoluent quelque peu. Le jaune est présent dans 7 secteurs de teinte, l'orangé dans 6 secteurs et le pourpre dans 5 secteurs. Mais dans ces secteurs les couleurs de base ne représentent qu'une partie du domaine chromatique total. Ce fait est lié aux couleurs peu saturées qui possèdent des désignations spécifiques : *ivoire, crème, beige, rose* et aux couleurs sombres répondant aux désignations : *kaki, brun, marron* et *bordeaux*.

Les noms de teinte sont complétés par un qualificatif pris dans la série de 9 adjectifs usuels :

pâle, clair, vif, grisé, moyen, intense, sombre, foncé, profond,

dont la signification générale est liée à la table 5 ci-après.

Table 5 – Qualificatifs de clarté et de saturation

Clarté	**Saturation**		
	FAIBLE	MOYENNE	ELEVEE
ELEVEE	*pâle*	*clair*	*vif*
MOYENNE	*grisé*	*moyen*	*intense*
FAIBLE	*sombre*	*foncé*	*profond*

Contrairement à une opinion courante, les valeurs de clarté et de saturation qui marquent les limites entre les divers domaines et permettent de sélectionner l'adjectif adéquat sont très variables avec les teintes et avec les domaines chromatiques. En général, les valeurs limites de clarté diminuent quand la saturation s'accroît, par exemple pour le violet, la séparation entre clartés élevée et moyenne passe d'environ 70 pour une saturation faible à 50 pour une saturation élevée.

De même, les limites de saturation augmentent quand la clarté diminue, par exemple pour le violet, la séparation entre saturations faible et moyenne passe d'environ S = 1,5 pour une clarté élevée à S = 2,5 pour une clarté faible. Le diagramme clarté-saturation n° 2 (*p 51*) illustre de manière typique ces faits.

Les diagrammes représentent deux groupes distincts de découpage des domaines chromatiques.

3a –Teintes allant du pourpre au violet, au bleu, au vert, jusqu'au vert-jaune.

Diagrammes 29, 30 et 1 à 9. *Angle de teinte de 79° à 329°*

Pour cette première série de teintes, la totalité du domaine chromatique est fragmentée en 9 domaines chromatiques, selon les niveaux de saturation et de clarté, tous désignés par le nom de teinte du secteur. Par exemple pour le diagramme n°5 (h_{uv} = 236° : teinte bleue), les 9 domaines sont : ***bleu pâle, bleu clair, bleu vif, bleu grisé, bleu moyen, bleu intense, bleu sombre, bleu foncé, bleu profond***.

3b – Teintes allant du jaune-vert au jaune à l'orangé, au rouge, jusqu'au pourpre.

Diagrammes 10 à 28 *Angle de teinte de 329° à 360° et de 0° à 79°* .

Pour toutes ces autres teintes coexistent les domaines des couleurs de base et ceux, souvent plus importants de couleurs supplémentaires, tel beige, rose, marron, etc. Dans un diagramme comme celui du n° 13 (h_{uv} = 62° : teinte jaune) il existe ainsi 35 domaines chromatiques distincts, sans compter ceux des neutres.

De plus, la zone de la couleur de base n'est pas, en général, fragmentée en 9 domaines spécifiques. Selon les niveaux de saturation et de clarté, certains domaines sont absents. Par exemple pour le diagramme n°19 (h_{uv} = *30* °: teinte orangée), ne figurent que 7 domaines chromatiques ***orangés,*** les domaines ***orangé pâle*** et ***orangé sombre*** sont absents.

2.3.4 – Couleurs : ivoire – crème – beige – rose

Dans les diagrammes n°s 10 à 28 les teintes claires et désaturées, de dominante jaune, s'appellent ***ivoire*** et ***crème*** quand elles sont très claires et ***beige*** pour des clartés un peu plus faibles. Quand elles possèdent une teinte orangée ou rouge elles s'appellent ***rose*** si elles ne sont pas trop sombres. Les domaines chromatiques de ces couleurs sont nombreux et leur imbrication assez complexe, témoigne parfois, d'une certaine incertitude dans les choix qui ont été faits.

En ne tenant pas compte des couleurs neutres ou presque neutres et sans rentrer dans tous les détails, on peut indiquer que l'***ivoire*** et le ***crème*** s'étendent dans le domaine des indices de saturation $S < 4$ avec une clarté $L^* > 79$ pour des angles de teinte h_{uv} allant de 38° à 79° (jaune-vert à orangé-jaune). L'ivoire est du côté jaune-vert (h_{uv} > 57°) et le crème du côté jaune-orangé (h_{uv} < 63°). Dans la zone de même teinte (h_{uv} de 57° à 63°) le crème possède une clarté plus élevée que l'ivoire.

Avec la même restriction pour les neutres, le domaine du ***beige*** s'étend dans le domaine des indices de saturation $S < 4$ avec une clarté L^* comprise entre 52 et 79, pour des angles de teinte h_{uv} allant de 28° à 79° (jaune-vert à orangé), mais toutefois avec $L^* > 62$ pour un angle de teinte de 75° et 79° (jaune-vert) et avec $L^* < 66$ pour un angle de teinte de 28° et 35° (orangé).

Quant au domaine du ***rose*** il est assez complexe. Sans rentrer dans tous les détails il s'étend dans le vaste domaine d'angle de teinte h_{uv} allant de 330° à 360° puis de 0° à 38° (orangé-jaune à pourpre) pour des saturations limitées à 4 ou à 5 et des clartés supérieures à 46, cependant supérieures à 66 pour des angles de teinte h_{uv} de 26° à 38°.

La série des 9 qualificatifs de la table 5 est encore utilisée, mais s'applique indépendamment à chaque domaine, par exemple celui des couleurs crèmes, indépendamment des domaines voisins. De ce fait des situations nouvelles apparaissent. Par exemple le jaune pâle possède un indice de saturation plus élevé que le crème ivoire intense. A ces 9 adjectifs vient s'ajouter "***verdâtre***" qui peut qualifier l'ivoire pour marquer une gradation plus faible que le mot vert. L'emploi de ce qualificatif verdâtre surprend car il n'y a pas de qualificatif équivalent pour d'autre teintes, par exemple rougeâtre ou bleuté.

Les tables 6 à 8 complètent ce qui précède en donnant les limites chromatiques précises qui définissent ces couleurs.

2.3.5 – Couleurs : kaki – brun – marron - bordeaux

Dans les diagrammes n°s 10 à 26 les teintes peu saturées de clarté modérée, s'appellent ***kaki, brun, marron, bordeaux*** au fur et à mesure que leur teinte passe du jaune-vert au jaune puis à l'orangé et enfin au rouge et au pourpre.

En ne tenant pas compte des couleurs neutres ou presque neutres et sans rentrer dans tous les détails, on peut indiquer que le ***kaki*** et le ***brun*** s'étendent dans le domaine de clarté L^* inférieur à 52 avec un indice de saturation S inférieur à 5, mais inférieur à 4 pour le kaki dans la zone la plus verdâtre. Le kaki pour un angle de teinte h_{uv} allant de 60° à 79° (jaune-vert à jaune) et celui du brun allant de 28° à 60° (jaune à orangé).

Avec les mêmes remarques, le domaine du ***marron*** correspond à une clarté $L^* < 46$ et à un indice $S < 5$ pour un angle de teinte h_{uv} de 15° à 28° (orangé à orangé-rouge).

Quand les couleurs neutres ne sont pas prises en compte, le domaine du ***bordeaux*** succède au marron et s'étend dans le domaine des angles de teinte allant de 346° à 360° puis de 0° à15° (rouge-orangé à rouge-pourpre) pour des clartés dont la valeur maximale décroît quand l'indice S augmente : $L^* < 46$ pour $S < 4$, puis $L^* < 38$ pour $S < 5$ enfin $L^* < 27$ pour $S < 7$. Toutefois dans le domaine le plus proche du pourpre (h_{uv} de 346° à 350°) le domaine du bordeaux ne dépasse pas un indice $S = 4$.

Les qualificatifs qui accompagnent ces noms de couleur suivent les mêmes principes que pour les couleurs claires et peu saturées.
Les tables 9 à 12 complètent ce qui précède en donnant les limites chromatiques précises qui définissent ces couleurs.

2.5 REMARQUES CRITIQUES SUR LE DOCUMENT DE 1977

Le travail présenté ici, réalisé pour rendre utilisable cet outil remarquable de dénomination des couleurs, n'empêche pas de présenter aux lecteurs et utilisateurs potentiels plusieurs critiques de la réalisation ancienne qui apparaissent de manière manifeste.
Les commentaires critiques qui suivent ont été rédigés en tenant compte de remarques amicales et constructives[13] faites par plusieurs personnes ayant eu communication d'une version inachevée de ce travail. Nous les en remercions bien vivement.

2.5.1 – Remarques générales

D'un certain point de vue les couleurs nécessitent d'être vues, nommées et repérées. Le travail du GPEM/PV actualisé répond aux deux derniers aspects. Il manque la réalité matérielle des couleurs qui a certainement été réalisée, qui manque cruellement et dont on n'a plus trace.
D'ailleurs l'auteur ignore dans quelles conditions précises ont été étudiées les surfaces colorées. Quelles ont été les conditions d'observation, c'est-à-dire la source réelle d'éclairage, le niveau d'éclairement, la taille des échantillons, le fond d'observation, mais aussi la nature des surfaces observées, avec les problèmes de réalisation qui ont pu se poser à ce sujet (surfaces peintes, surfaces imprimées, sur quels supports, avec quel état de surface) ? Quel a été le nombre d'observateurs, le nombre d'observations, la nature des jugements, etc.
L'observation réelle des couleurs matérialisées n'a certainement pas été faite selon les conditions de l'observateur colorimétrique de référence de 1931, dit observateur 2° utilisé pour le repérage numérique. Les surfaces colorées possédaient vraisemblablement une aire telle qu'elles étaient observées sous un angle supérieur à 4°. La norme X 08-002 mentionne des éprouvettes de 2 cm x 3 cm et d'autres de 5 cm x 5 cm. L'usage du système 10°, introduit en 1964, dit à l'époque système supplémentaire, n'était pas fréquent dans l'industrie en 1977. La situation inverse, mais équivalente, dans la version actualisée, d'évaluer les couleurs dans le système colorimétrique 1931 pour obtenir une dénomination relative à des conditions d'observations très différentes, compense peut-être partiellement le rôle de cette faute.

2.5.2 – Dénominations chromatiques

Le choix du vocabulaire utilisé par le GPEM/PV est le domaine qui suscite le plus de remarques de la part d'usagers potentiels. Bien entendu la richesse des couleurs perceptibles ne peut être décrite par le vocabulaire restreint qui a été employé ici. Cette richesse perceptive est en partie due à l'environnement coloré, aux contrastes qui en résultent et aux effets d'éclairages modulés. Ici il s'agit de surfaces colorées uniformes, vues séparément sur un fond neutre et le vocabulaire se limite à décrire une apparence colorée immédiate. De plus des mots tels que turquoise et ocre, ou cyan et magenta, voire tout simplement bleu marine et bleu ciel sont absents. Pour plusieurs utilisateurs cela témoigne d'un décalage entre le vocabulaire choisi et celui qui est employé actuellement dans les utilisations commerciales et esthétiques de la couleur.
Le choix du vocabulaire utilisé remonte aux années 1970 et ne peut sans doute pas tenir compte des dénominations employées dans les diverses branches du marketing. Mais de plus le remplacement de bleu-vert par turquoise par exemple romprait la logique choisie qui limite les familles de teintes à des combinaisons des mots *violet, bleu, ... rouge*, ... pour rester simple, homogène et peu équivoque.
Cependant la série de mots : *ivoire crème beige rose kaki brun marron bordeaux*, brouille cette logique en associant à des mots signifiant exclusivement une notion de teinte, des mots ayant aussi une connotation de clarté, voire de saturation. On peut ainsi se demander si la logique d'association des mots retenue par le GPEM/PV reste pertinente ?
Il faudrait peut-être travailler à vérifier le bien-fondé de ces choix, fragmenter éventuellement certains domaines chromatiques et établir des liens entre les dénominations retenues et celles le plus souvent utilisées en marketing couleur. Rien n'empêcherait d'ailleurs que des équivalences puissent être établies entre les dénominations du GPEM/PV et les désignations que l'on rencontre le plus fréquemment dans tel ou tel domaine d'utilisation.

Il faut par ailleurs insister sur un certain nombre de défauts du vocabulaire du GPEM/PV. Tout d'abord les adjectifs retenus ne sont pas homogènes. : *violacé, bleuté, verdâtre, rose, pourpre, crème, ivoire, brun,* pourquoi pas brunâtre, pourpré, rosé (ce dernier utilisé d'ailleurs pour les neutres). Ensuite une ambiguïté est manifeste dans l'hésitation entre les mots vert et verdâtre comme compléments de couleur par exemple dans *Beige-vert intense* et *Beige verdâtre moyen* (planche n° 10).

Ensuite l'emploi systématique des 9 qualificatifs de clarté et de saturation de la table 5 pour les couleurs crème, ivoire, beige, rose et même jaune ou orangé crée un certain nombre de combinaisons très discutables. Elles résultent de l'association de teintes naturellement claires et peu saturées à des adjectifs dénotant au contraire un aspect sombre ou une forte saturation (par exemple *jaune foncé* diagrammes n° 12 à 14 ainsi que *ivoire vif* diagramme n° 12), etc. Les 9 adjectifs du tableau 5 sont adaptés aux teintes allant du rouge au vert, voire au jaune-vert, mais pour d'autres teintes il serait préférable de disposer d'une autre série d'adjectifs, éliminant les adjectifs *vif, intense* pour les teintes claires et désaturées et éliminant les adjectifs *sombre, foncé, profond* pour les teintes vives et lumineuses.

D'ailleurs un jaune foncé d'une clarté inférieure à 60 est-il encore un jaune ou ne serait-il pas un jaune brun moyen, voire un vert-jaune foncé selon sa dominante ?

2.5.3 – Modification de domaines chromatiques :

Trois séries de limites de domaines chromatiques ont paru être erronées. Elles ont été modifiées dans la version actualisée.

A – Il est noté dans le tableau 1 du document X 08-010 (p 39) et dans la planche A (p 46) que les ***blancs neutres*** sont limités à l'indice S = 1 et les ***noirs*** à l'indice S = 1,5. Mais dans les 30 planches du GPEM/PV la zone des blancs et celle des noirs s'étendent jusqu'à la limite spectrale. Nous avons rétabli les limites données dans le texte en attribuant les domaines ainsi libérés respectivement au blanc et au noir qualifiés de non exactement neutres. La limite des ***blancs presque neutres***, pour une clarté L^* comprise entre 92 et 94, ne peut donc rester à l'indice S = 1 elle a été placée à un indice S = 1,2.

B – Le champ ***rose-orangé moyen*** limité à une saturation *S* = 3,3 dans les diagrammes n°s 18, 19 et 21 était limité à *S* = 3 dans le diagramme intermédiaire n° 20. Cette limite a été replacée à la valeur *S* = 3,3 dans ce diagramme.

C – Dans les diagrammes n°s 26 et 27 la teinte ***pourpre-rouge clair*** se situait dans deux champs disjoints. Les limites de saturation ont été modifiées, ce qui a entraîné des modifications des champs ***rose-pourpre vif*** et ***rose-pourpre intense***, ***pourpre-rouge vif*** et ***pourpre-rouge moyen***. Cette erreur a été corrigée au mieux mais sans pouvoir se référer à des observations visuelles.

2.5.4 – Modification de dénominations :

Rappelons que le qualificatif "*lumineux*" a été remplacé par le qualificatif "*vif*" et que le qualificatif "*intense*" a remplacé "*vif*" dont la signification était ainsi modifiée. De plus le qualificatif "*gris*" a été remplacé par "*grisé*". Quelques dénominations ont semblé ne pas être cohérentes avec des dénominations voisines Des modifications ont été, pour cette raison, apportées aux dénominations du document du GPEM/PV par souci de cohérence et de simplification. Elles sont répertoriées dans la table ci-dessous.

Diagrammes	Ancienne dénomination	Nouvelle dénomination
	Les changements ci-dessous sont destinés à réaliser une cohérence avec les diagrammes voisins, où les nouvelles dénominations paraissent plus appropriées.	
10	Beige verdâtre foncé	Beige verdâtre moyen
17 à 19	Brun-orangé	Brun-orangé vif
20	Marron-brun rosé	Marron-rose
21	Orangé-rose	Orangé-rose moyen
	Les changements ci-dessous permettent une simplification des dénominations tout en améliorant la cohérence avec les dénominations voisines	
23	Rouge-bordeaux orangé	Rouge-orangé foncé
	Bordeaux-rouge orangé vif	Bordeaux-orangé intense
	Bordeaux-rouge orangé profond	Bordeaux-orangé profond
25	Rouge-bordeaux pourpre	Rouge-bordeaux
	Bordeaux-rouge pourpre vif	Bordeaux-pourpre intense
	Bordeaux-rouge pourpre profond	Bordeaux-pourpre profond
27	Rouge-pourpre foncé	Pourpre-rouge foncé
	Rouge-pourpre profond	Pourpre-rouge profond
28	Pourpre-rouge grisé	Pourpre grisé

Note : *Les numéros de diagrammes sont ceux de cette publication, ceux, des diagrammes* du GPEM/PV *sont inférieurs de 2 unités,*

2.5.5 – Limites des domaines chromatiques

Le choix du GPEM/PV a été de fixer les frontières des domaines chromatiques par des segments de droites parallèles aux axes de clarté et de saturation. C'est un choix simple qui avait déjà été fait par l'ISCC et pour un complément au système Munsell[17] (fig.3).

Cependant si l'on examine certains diagrammes clarté-saturation, par exemple le diagramme n° 5 relatif à la teinte bleue (ou le diagramme n° 29 relatif à la teinte pourpre), on constate que la position centrale des 9 couleurs bleues (ou pourpres) représentées se déduit de la ligne des couleurs optimales tracée en haut de ce graphique. Le GPEM/PV n'a pas choisi de tracer des limites en segments obliques. Sans rentrer dans tous les détails, ce choix entraîne les créneaux observables dans plusieurs champs chromatiques. Il est difficile sans observation visuelle de savoir si les limites adoptées traduisent un meilleur accord visuel ou résultent d'un choix simplificateur.

Un examen attentif montre par ailleurs que plusieurs limites de domaines chromatiques paraissent à réexaminer. Tout d'abord le domaine du blanc paraît à revoir à la lumière des travaux et des publications concernant l'évaluation de la blancheur.
Le domaine du rose et des couleurs associées (rose-orangé, rose-pourpre, beige-rose, etc.) est vaste et complexe, il suscite des interrogations et parait discutable en plusieurs emplacements.
Enfin la limite de dénomination des domaines chromatiques à un indice de saturation égal à 7 invite à un examen renouvelé de la pertinence de la valeur de cette limite pour toutes les teintes.
On doit remarquer que cette limite $S = 7$ évite d'avoir à la base des diagrammes une troncature liée à la limite des couleurs optimales sombres, limite qui se trouve, après vérification, toujours au-dessus de cette valeur $S = 7$.

2.6 CONCLUSIONS

Le travail présenté conserve les options du GPEM/PV grâce à la méthode d'adaptation chromatique utilisée et le recours au système CIELUV. En élaborant une procédure d'utilisation simple et rapide cette modernisation pallie les lacunes du travail originel quant à la détermination pratique d'une dénomination de couleur.

Néanmoins, le travail présenté ici dépasse de beaucoup ce qui pourrait sembler une simple actualisation du document de 1977. Les tables, placées dans le chapitre 3 qui suit, donnant les définitions précises des domaines chromatiques sont entièrement originales. Elles donnent les valeurs qui définissent les domaines chromatiques autrement que par la seule référence imprécise à des figures. Les diagrammes réalisés à clarté constante sont également entièrement inédits et donnent une très bonne illustration de la structure de l'espace chromatique CIELUV.

Toutefois, la transformation d'adaptation chromatique avec l'illuminant D65, le passage au système CIELUV, le remplacement de la composante de clarté Y par la clarté CIE L^*, la suppression de l'indice de tonalité T au profit de l'angle de teinte h_{uv}, l'évaluation de l'indice de saturation S par une formule empirique, avec tous les arrondis qui en résultent, ont créé un ensemble de modifications, certes faibles mais réelles, des données initiales. L'auteur pense qu'elles sont acceptables et ne dégradent pas les observations visuelles initiales, ces modifications représentant le prix d'une utilisation actualisée et simple.

Malgré les remarques critiques évoquées au paragraphe 2.5, il reste que le travail du GPEM/PV se révèle extraordinairement important puisqu'il permet d'associer de manière très simple une dénomination de couleur à des valeurs numériques. Il ne peut laisser indifférente la communauté intéressée par la couleur. Il rendra d'inestimables services dans un grand nombre de circonstances, où nous l'avons dit, la confusion règne dans les dénominations de couleur. Pour toutes ces raisons nous sommes heureux d'avoir contribué à sauver ce travail de l'oubli en rendant possible son utilisation. Nous invitons également coloristes et scientifiques à un réexamen critique des choix antérieurs, à des adaptations ou des extensions à des domaines spécifiques.

Chapitre 3 : LIMITES DES DOMAINES CHROMATIQUES

Les tables 6 à 20 présentent de manière complète les limites numériques des domaines chromatiques.

<u>Notes relatives à la clarté</u> :

L'indication COpt *signifie que la limite supérieure de clarté est celle de la couleur optimale.*

L'indication 94* *(ou avec une autre valeur numérique), signifie que la limite supérieure de clarté est soit la valeur numérique indiquée, soit celle de la couleur optimale si elle plus faible.*

L'indication Indét *signifie que la limite inférieure de clarté est indéterminée.*

<u>Notes relatives à la saturation</u> :

L'indication 5* *(ou avec une autre valeur numérique), signifie que la limite supérieure de saturation est soit la valeur numérique indiquée, soit celle de la couleur optimale si elle plus faible.*

L'indication N *signifie que la saturation minimale est celle de la couleur presque neutre de même clarté.*

Table 6 : BEIGE *Diagrammes 10 à 19* h_{uv} *: 28° à 79°* λ_d *: 572,5 à 592 nm*

Dénominations		Diagrammes	h_{uv} en degrés	L^*	S
BEIGE	clair	13 – 14	$57 \le h_{uv} < 63$	$73 \le L^* < 79$	$N \le S < 3$
		15	$48 \le h_{uv} < 57$	$73 \le L^* < 79$	$1{,}5 \le S < 3$
	grisé	13 à 15	$48 \le h_{uv} < 63$	$62 \le L^* < 73$	$N \le S < 1{,}5$
	moyen	13 à 15		$62 \le L^* < 73$	$1{,}5 \le S < 3$
	intense	13 à 15		$62 \le L^* < 73$	$3 \le S < 4$
	sombre	13 à 15		$52 \le L^* < 62$	$N \le S < 1{,}5$
	foncé	13 à 15		$52 \le L^* < 62$	$1{,}5 \le S < 3$
BEIGE – BRUN		14 à 19	$28 \le h_{uv} < 60$	$43 \le L^* < 52$	$N \le S < 1{,}5$
BEIGE – JAUNE	clair	11 à 15	$48 \le h_{uv} < 75$	$73 \le L^* < 79$	$3 \le S < 4$
	foncé	11 à 15		$52 \le L^* < 62$	$3 \le S < 4$
BEIGE – KAKI		11 à 13	$60 \le h_{uv} < 75$	$43 \le L^* < 52$	$N \le S < 1{,}5$
BEIGE – ORANGÉ	clair	16 – 17	$38 \le h_{uv} < 48$	$73 \le L^* < 79$	$3 \le S < 4$
	intense	16 – 17	$38 \le h_{uv} < 48$	$62 \le L^* < 73$	$3 \le S < 4$
		18 – 19	$28 \le h_{uv} < 38$	$62 \le L^* < 66$	$3 \le S < 4$
	foncé	16 à 19	$28 \le h_{uv} < 48$	$52 \le L^* < 62$	$3 \le S < 4$
BEIGE – ROSE	clair	16 – 17	$38 \le h_{uv} < 48$	$73 \le L^* < 79$	$1{,}5 \le S < 3$
	grisé	16 – 17	$38 \le h_{uv} < 48$	$62 \le L^* < 73$	$N \le S < 1{,}5$
		18 – 19	$28 \le h_{uv} < 38$	$62 \le L^* < 66$	$N \le S < 1{,}5$
	moyen	16 – 17	$38 \le h_{uv} < 48$	$62 \le L^* < 73$	$1{,}5 \le S < 3$
		18 – 19	$28 \le h_{uv} < 38$	$62 \le L^* < 66$	$1{,}5 \le S < 3$
	sombre	16 à 19	$28 \le h_{uv} < 48$	$52 \le L^* < 62$	$N \le S < 1{,}5$
	foncé	16 à 19	$28 \le h_{uv} < 48$	$52 \le L^* < 62$	$1{,}5 \le S < 3$
BEIGE verdâtre	clair	10 à 12	$63 \le h_{uv} < 79$	$73 \le L^* < 79$	$N \le S < 3$
	grisé	10 à 12		$62 \le L^* < 73$	$N \le S < 1{,}5$
	moyen	10 à 12		$62 \le L^* < 73$	$1{,}5 \le S < 3$
	intense	11 à 12	$63 \le h_{uv} < 75$	$62 \le L^* < 73$	$3 \le S < 4$
	sombre	11 à 12		$52 \le L^* < 62$	$N \le S < 1{,}5$
	foncé	11 à 12		$52 \le L^* < 62$	$1{,}5 \le S < 3$
BEIGE – VERT	clair	10	$75 \le h_{uv} < 79$	$73 \le L^* < 79$	$3 \le S < 4$
	intense	10		$62 \le L^* < 73$	$3 \le S < 4$

Le domaine de l'ivoire s'étend du jaune-vert au jaune, celui du crème prenant la suite jusque vers l'orangé-jaune. Le domaine du beige couvre ce même vaste ensemble, mais pour des clartés plus faibles, L^* de 52 à 79 et descendant même jusqu'à 43 pour le beige-brun et le beige-kaki.

Le beige-vert se distingue du beige verdâtre par une teinte plus verte et une saturation généralement plus élevée.

Table 7 : CRÈME *Diagrammes 13 à 17* h_{uv} *: 38° à 63°* λ_d *: 577,5 à 586,5 nm*

IVOIRE *Diagrammes 10 à 14* h_{uv} *: 57° à 79°* λ_d *: 572,5 à 579,5 nm*

Dénominations		Diagrammes	h_{uv} en degrés	L^*	S
CRÈME	pâle	15 – 16	43 ≤ h_{uv} < 57	89,5 ≤ L^* < 94	N ≤ S < 1,5
	clair	15 – 16		89.5 ≤ L^* < 94*	1,5 ≤ S < 2,8
	vif	15 – 16		89.5 ≤ L^* < 94*	2,8 ≤ S < 4
	grisé	15 – 16		82 ≤ L^* < 89,5	N ≤ S < 1,2
	moyen	15 – 16		82 ≤ L^* < 89,5	1,2 ≤ S < 2,8
	intense	15 – 16		82 ≤ L^* < 89,5	2,8 ≤ S < 4
				79 ≤ L^* < 82	3,4 ≤ S < 4
	foncé	15 – 16		79 ≤ L^* < 82	N ≤ S < 3,4
CRÈME – BEIGE	moyen	15 à 17	38 ≤ h_{uv} < 57	73 ≤ L^* < 79	N ≤ S < 1,5
CRÈME – IVOIRE	pâle	13 à 14	57 ≤ h_{uv} < 63	89,5 ≤ L^* < 94	N ≤ S < 1,5
	clair	13 à 14		89,5 ≤ L^* < 94	1,5 ≤ S < 2,8
	vif	13 à 14		89,5 ≤ L^* < 94*	2,8 ≤ S < 4
	grisé	13 à 14		87 ≤ L^* < 89,5	N ≤ S < 1,2
	moyen	13 à 14		87 ≤ L^* < 89,5	1,2 ≤ S < 2,8
	intense	13 à 14		87 ≤ L^* < 89,5	2,8 ≤ S < 3,4
CRÈME – ROSE	pâle	17	38 ≤ h_{uv} < 43	89,5 ≤ L^* < 94	N ≤ S < 1,5
	clair	17		89,5 ≤ L^* < 94*	1,5 ≤ S < 2,5
	vif	17		87 ≤ L^* < COpt	2,5 ≤ S < 4*
	grisé	17		82 ≤ L^* < 89,5	N ≤ S < 1,2
	moyen	17		82 ≤ L^* < 89,5	1,2 ≤ S < 2,5
	intense	17		82 ≤ L^* < 87	2,5 ≤ S < 4
				79 ≤ L^* < 82	3 ≤ S < 4
	foncé	17		79 ≤ L^* < 82	N ≤ S < 3
IVOIRE	pâle	12	63 ≤ h_{uv} < 72	89 ,5 ≤ L^* < 94	N ≤ S < 1,5
	clair	12		89,5 ≤ L^* < 94	1,5 ≤ S < 2,8
	vif	12		89,5 ≤ L^* < 94	2,8 ≤ S < 4
	grisé	12		82 ≤ L^* < 89,5	N ≤ S < 1,2
	moyen	12		82 ≤ L^* < 89,5	1,2 ≤ S < 2,8
	intense	12		82 ≤ L^* < 89,5	2,8 ≤ S < 4
				79 ≤ L^* < 82	3,4 ≤ S < 4
	foncé	12		79 ≤ L^* < 82	N ≤ S < 3,4
IVOIRE – CRÈME	grisé	13 – 14	57 ≤ h_{uv} < 63	82 ≤ L^* < 87	N ≤ S < 1,2
	moyen	13 – 14		82 ≤ L^* < 87	1,2 ≤ S < 2,8
	intense	13 – 14		82 ≤ L^* < 87	2,8 ≤ S < 4
				79 ≤ L^* < 82	3,4 ≤ S < 4
	foncé	13 – 14		79 ≤ L^* < 82	N ≤ S < 3,4
IVOIRE verdâtre	pâle	10 – 11	72 ≤ h_{uv} < 79	89,5 ≤ L^* < 94	N ≤ S < 1,5
	clair	10 – 11		89.5 ≤ L^* < 94	1,5 ≤ S < 2,8
	vif	10 – 11		89.5 ≤ L^* < 94	2,8 ≤ S < 4
	grisé	10 – 11		82 ≤ L^* < 89,5	N ≤ S < 1,2
	moyen	10 – 11		82 ≤ L^* < 89,5	1,2 ≤ S < 2,8
	intense	10 – 11		82 ≤ L^* < 89,5	2,8 ≤ S < 4
				79 ≤ L^* < 82	3,4 ≤ S < 4
	foncé	10 – 11		79 ≤ L^* < 82	N ≤ S < 3,4

Table 8 : ROSE *Diagrammes 16 à 28* *h_{uv} : 0° à 48° ou 329° à 360°* *λ_d : 582,5 à 780 nm*
ou λ_c : –493 à –516 nm

Dénominations		Diagrammes	h_{uv} en degrés	L^*	S
ROSE	pâle	23 – 24	$4 \le h_{uv} < 15$	$79 \le L^* < 92^*$	$N \le S < 1,5$
	clair	23 – 24		$76 \le L^* <$ COpt	$1,5 \le S < 3,5$
	vif	23 – 24		$69 \le L^* <$ COpt	$3,5 \le S < 5$
	grisé	23 – 24		$62 \le L^* < 79$	$N \le S < 1,5$
	moyen	23 – 24		$57 \le L^* < 76$	$1,5 \le S < 3,5$
	intense	23 – 24		$57 \le L^* < 69$	$3,5 \le S < 5$
	sombre	23 – 24		$46 \le L^* < 62$	$N \le S < 1,5$
	foncé	23 – 24		$46 \le L^* < 57$	$1,5 \le S < 3,5$
	profond	23 – 24		$46 \le L^* < 57$	$3,5 \le S < 5$
ROSE – JAUNE	vif	16	$43 \le h_{uv} < 48$	$79 \le L^* \le 94^*$	$4 \le S < 5$
ROSE – ORANGÉ	pâle	18	$15 \le h_{uv} < 38$	$82 \le L^* < 94$	$N \le S < 1,5$
		19 à 22	$15 \le h_{uv} < 35$	$79 \le L^* < 94^*$	$N \le S < 1,5$
	clair	18	$35 \le h_{uv} < 38$	$82 \le L^* \le 94^*$	$1,5 \le S < 3,3$
		19 – 20	$26 \le h_{uv} < 35$	$79 \le L^* \le 94^*$	$1,5 \le S < 3,3$
		21	$22 \le h_{uv} < 26$	$76 \le L^* \le 94^*$	$1,5 \le S < 3,3$
		22	$15 \le h_{uv} < 22$	$76 \le L^* \le 94^*$	$1,5 \le S < 3,5$
	vif	17	$38 \le h_{uv} < 43$	$79 \le L^* \le$ COpt	$4 \le S < 5$
		18 à 21	$22 \le h_{uv} < 38$	$79 \le L^* \le$ COpt	$3,3 \le S < 5^*$
		21	$22 \le h_{uv} < 26$	$73 \le L^* < 79$	$3,3 \le S < 4$
		22	$15 \le h_{uv} < 22$	$73 \le L^* \le$COpt	$3,5 \le S < 5$
	grisé	18	$35 \le h_{uv} < 38$	$66 \le L^* < 82$	$N \le S < 1,5$
		19	$28 \le h_{uv} < 35$	$66 \le L^* <79$	$N \le S < 1,5$
		20 à 22	$15 \le h_{uv} < 28$	$62 \le L^* < 79$	$N \le S < 1,5$
	moyen	18	$35 \le h_{uv} < 38$	$66 \le L^* < 82$	$1,5 \le S < 3,3$
		19	$28 \le h_{uv} < 35$	$66 \le L^* <79$	$1,5 \le S < 3,3$
		20	$26 \le h_{uv} < 28$	$62 \le L^* < 79$	$1,5 \le S < 3,3$
		21 à 22	$15 \le h_{uv} < 26$	$57 \le L^* < 76$	$1,5 \le S < 3,3$
	intense	18 –19	$28 \le h_{uv} < 38$	$66 \le L^* < 79$	$3,3 \le S < 4$
		20	$26 \le h_{uv} < 28$	$62 \le L^* < 79$	$3,3 \le S < 4$
		21	$22 \le h_{uv} < 26$	$57 \le L^* < 73$	$3,3 \le S < 4$
		22	$15 \le h_{uv} < 22$	$57 \le L^* < 73$	$3,5 \le S < 5$
	sombre	20 à 22	$15 \le h_{uv} < 28$	$46 \le L^* < 62$	$N \le S < 1,5$
	foncé	20	$26 \le h_{uv} < 28$	$46 \le L^* < 62$	$1,5 \le S < 3$
		21	$22 \le h_{uv} < 26$	$46 \le L^* < 57$	$1,5 \le S < 3$
		22	$15 \le h_{uv} < 22$	$46 \le L^* < 57$	$1,5 \le S < 3,3$
	profond	20	$26 \le h_{uv} < 28$	$46 \le L^* < 62$	$3 \le S < 4$
		21	$22 \le h_{uv} < 26$	$46 \le L^* < 57$	$3 \le S < 4$
		22	$15 \le h_{uv} < 22$	$46 \le L^* < 57$	$3,3 \le S < 4$
ROSE – POURPRE	pâle	25 à 28	$h_{uv} < 4$ ou $h_{uv} \ge 329$	$79 \le L^* \le 94^*$	$N \le S < 1,5$
	clair	25	$h_{uv} < 4$ ou $h_{uv} \ge 350$	$76 \le L^* \le$ COpt	$1,5 \le S < 3,5$
		26 à 28	$329 \le h_{uv} < 350$	$76 \le L^* \le$ COpt	$1,5 \le S < 3$
	vif	25	$h_{uv} < 4$ ou $h_{uv} \ge 350$	$70 \le L^* \le$ COpt	$3,5 \le S < 5$
		26 - 27	$335 \le h_{uv} < 350$	$70 \le L^* \le$ COpt	$3 \le S < 4,5$
		28	$329 \le h_{uv} < 335$	$70 \le L^* \le$ COpt	$3 \le S < 4$
	grisé	25 à 28	$h_{uv} < 4$ ou $h_{uv} \ge 329$	$62 \le L^* < 79$	$N \le S < 1,5$
	moyen	25	$h_{uv} < 4$ ou $h_{uv} \ge 350$	$57 \le L^* < 76$	$1,5 \le S < 3,5$
		26	$346 \le h_{uv} < 350$	$70 \le L^* < 76$	$1,5 \le S < 3$
				$57 \le L^* < 70$	$1,5 \le S < 3,3$
		27 – 28	$329 \le h_{uv} < 346$	$57 \le L^* < 76$	$1,5 \le S < 3$

ROSE – POURPRE *(suite)*	intense	25	h_{uv}< 4 ou h_{uv} ≥ 350	52 ≤ L^* < 70	3,5 ≤ S < 5
		26	346 ≤ h_{uv} < 350	52 ≤ L^* < 70	3,3 ≤ S < 4,5
		27	335 ≤ h_{uv} < 346	52 ≤ L^* < 70	3 ≤ S < 4,5
		28	329 ≤ h_{uv} < 335	52 ≤ L^* < 70	3 ≤ S < 4
	sombre	25 à 28	h_{uv}< 4 ou h_{uv} ≥ 329	46 ≤ L^* < 62	N ≤ S < 1,5
	foncé	25	h_{uv}< 4 ou h_{uv} ≥ 350	46 ≤ L^* < 57	1,5 ≤ S < 3,5
		26	346 ≤ h_{uv} < 350	52 ≤ L^* < 57	1,5 ≤ S < 3,3
				46 ≤ L^* < 52	1,5 ≤ S < 4
		27 - 28	329 ≤ h_{uv} < 346	52 ≤ L* < 57	1,5 ≤ S < 3
				46 ≤ L* < 52	1,5 ≤ S < 4
	profond	25	h_{uv}< 4 ou h_{uv} ≥ 350	46 ≤ L^* < 52	3,5 ≤ S < 5

Le domaine du rose s'étend dans la vaste zone qui s'étend de l'orangé teinté de jaune au pourpre. Son domaine de clarté évolue depuis les plus hautes valeurs limitées par les couleurs optimales pour des teintes orangées, jusqu'à des valeurs qui descendent progressivement jusqu'à L^* = 38 pour des teintes rouge et pourpre.

Le domaine du bordeaux s'étend du rouge-orangé au pourpre-rouge pour des clartés inférieures à celles du rose, mais pour des saturations généralement plus élevées surtout quand la clarté décroît.

Table 9 : BORDEAUX *Diagrammes 23 à 25* h_{uv} *: 0° à 15° ou 346° à 360°* λ_d *: 605,5 à 780 nm*
ou λ_c *: –493 à –500,5 nm*

Dénominations		Diagrammes	h_{uv} en degrés	L^*	S
BORDEAUX	clair	23 – 24	4 ≤ h_{uv} < 15	41 ≤ L^* < 46	N ≤ S < 4
				38 ≤ L^* < 41	2 ≤ S < 4
	grisé	23 – 24		27 ≤ L^* < 41	N ≤ S < 2
	moyen	23 – 24		27 ≤ L^* < 38	2 ≤ S < 5
				20 ≤ L^* < 27	2,5 ≤ S < 5
	sombre	23 – 24		3 ≤ L^* < 27	N ≤ S < 2,5
	foncé	23 – 24		15 ≤ L^* < 20	2,5 ≤ S < 5
				3 ≤ L^* < 15	2,5 ≤ S < 6
BORDEAUX - ORANGÉ	intense	23	9 ≤ h_{uv} < 15	15 ≤ L^* < 27	5 ≤ S ≤ 7
	profond	23		3 ≤ L^* < 15	6 ≤ S ≤ 7
BORDEAUX – POURPRE	clair	25	h_{uv}< 4 ou h_{uv}≥ 350	41 ≤ L^* < 46	N ≤ S < 4
				38 ≤ L^* < 41	2 ≤ S < 4
		26	346 ≤ h_{uv} < 350	41 ≤ L^* < 46	N ≤ S < 4
				38 ≤ L^* < 41	1,8 ≤ S < 4
	grisé	25	h_{uv}< 4 ou h_{uv}≥ 350	27 ≤ L^* < 41	N ≤ S < 2
		26	346 ≤ h_{uv} < 350	27 ≤ L^* < 41	N ≤ S < 1,8
	moyen	25	h_{uv}< 4 ou h_{uv}≥ 350	27 ≤ L^* < 38	2 ≤ S < 5
				20 ≤ L^* < 27	2,5 ≤ S < 5
		26	346 ≤ h_{uv} < 350	27 ≤ L^* < 38	1,8 ≤ S < 4
				20 ≤ L^* < 27	2,3 ≤ S < 4
	Intense	25	h_{uv}< 4 ou h_{uv}≥ 350	15 ≤ L^* < 27	5 ≤ S ≤ 7
	sombre	25	h_{uv}< 4 ou h_{uv}≥ 350	3 ≤ L^* < 27	N ≤ S < 2,5
		26	346 ≤ h_{uv} < 350	3 ≤ L^* < 27	N ≤ S < 2,3
	foncé	25	h_{uv}< 4 ou h_{uv}≥ 350	3 ≤ L^* < 20	2,5 ≤ S < 5
		26	346 ≤ h_{uv} < 350	3 ≤ L^* < 20	2,3 ≤ S < 4
	profond	25	h_{uv}< 4 ou h_{uv}≥ 350	3 ≤ L^* < 15	5 ≤ S ≤ 7
BORDEAUX – ROUGE	intense	24	4 ≤ h_{uv} < 9	15 ≤ L^* < 27	5 ≤ S ≤ 7
	profond	24		3 ≤ L^* < 15	6 ≤ S ≤ 7

Table 10 : BRUN *Diagrammes 14 à 19* h_{uv} : *28° à 60°* λ_d : *578,5 à 592 nm*

Dénominations		Diagrammes	h_{uv} en degrés	L^*	S
BRUN	clair	16 – 17	$38 \le h_{uv} < 48$	$43 \le L^* < 52$	$1,5 \le S < 4$
	grisé	16 – 17	$38 \le h_{uv} < 48$	$27 \le L^* < 43$	$N \le S < 1,9$
	moyen	16	$43 \le h_{uv} < 48$	$30 \le L^* < 43$	$1,9 \le S < 3,5$
				$27 \le L^* < 30$	$1,9 \le S < 3,7$
		17	$38 \le h_{uv} < 43$	$27 \le L^* < 43$	$1,9 \le S < 3,7$
	intense	16 – 17	$38 \le h_{uv} < 48$	$43 \le L^* < 46$	$4 \le S < 5$
		16	$43 \le h_{uv} < 48$	$30 \le L^* < 43$	$3,5 \le S < 5$
		17	$38 \le h_{uv} < 43$	$27 \le L^* < 43$	$3,7 \le S < 5$
	sombre	16 – 17	$38 \le h_{uv} < 48$	$3 \le L^* < 27$	$N \le S < 2,4$
	foncé	16 – 17	$38 \le h_{uv} < 48$	$3 \le L^* < 27$	$2,4 \le S < 3,7$
	profond	16	$43 \le h_{uv} < 48$	Indét $\le L^* < 30$	$3,7 \le S \le 5^+$
		17	$38 \le h_{uv} < 43$	Indét $\le L^* < 27$	$3,7 \le S \le 5^+$
BRUN – JAUNE		14 à 16	$43 \le h_{uv} < 60$	$46 \le L^* < 52$	$4 \le S < 5$
BRUN – KAKI	clair	14	$57 \le h_{uv} < 60$	$43 \le L^* < 52$	$1,5 \le S < 4$
	grisé	14		$27 \le L^* < 43$	$N \le S < 1,9$
	moyen	14		$27 \le L^* < 43$	$1,9 \le S < 3,5$
	intense	14		$43 \le L^* < 46$	$4 \le S < 5$
				$32 \le L^* < 43$	$3,5 \le S < 5$
	sombre	14		$3 \le L^* < 27$	$N \le S < 2,4$
	foncé	14		$3 \le L^* < 27$	$2,4 \le S < 3,5$
	profond	14		Indét $\le L^* < 33$	$3,5 \le S < 5^+$
BRUN – MARRON	clair	19	$28 \le h_{uv} < 35$	$43 \le L^* < 52$	$1,5 \le S < 4$
	grisé	19		$27 \le L^* < 43$	$N \le S < 1,9$
	moyen	19		$27 \le L^* < 43$	$1,9 \le S < 3,7$
	intense	19		$43 \le L^* < 46$	$4 \le S < 5$
				$27 \le L^* < 43$	$3,7 \le S < 5$
	sombre	19		$3 \le L^* < 27$	$N \le S < 2,4$
	foncé	19		$3 \le L^* < 27$	$2,4 \le S < 3,7$
	profond	19		Indét $\le L^* < 27$	$3,7 \le S < 5^+$
BRUN – ORANGÉ	clair	18	$35 \le h_{uv} < 38$	$43 \le L^* < 52$	$1,5 \le S < 4$
	vif	17 à 19	$28 \le h_{uv} < 43$	$46 \le L^* < 52$	$4 \le S < 5$
	grisé	18	$35 \le h_{uv} < 38$	$27 \le L^* < 43$	$N \le S < 1,9$
	moyen	18		$27 \le L^* < 43$	$1,9 \le S < 3,7$
	intense	18		$43 \le L^* < 46$	$4 \le S < 5$
				$27 \le L^* < 43$	$3,7 \le S < 5$
	sombre	18		$3 \le L^* < 27$	$N \le S < 2,4$
	foncé	18		$3 \le L^* < 27$	$2,4 \le S < 3,7$
	profond	18		Indét $\le L^* < 27$	$3,7 \le S < 5^+$
BRUN verdâtre	clair	15	$48 \le h_{uv} < 57$	$43 \le L^* < 52$	$1,5 \le S < 4$
	grisé	15		$27 \le L^* < 43$	$N \le S < 1,9$
	moyen	15		$27 \le L^* < 43$	$1,9 \le S < 3,5$
	intense	15		$43 \le L^* < 46$	$4 \le S < 5$
				$32 \le L^* < 43$	$3,5 \le S < 5$
	sombre	15		$3 \le L^* < 27$	$N \le S < 2,4$
	foncé	15		$3 \le L^* < 27$	$2,4 \le S < 3,5$
	profond	15		Indét $\le L^* < 33$	$3,5 \le S < 5^+$

Les domaines du kaki, du brun et du marron possèdent de fortes similitudes. Ils se rapportent à des clartés inférieures à $L^* = 52$, mais moins pour le marron et à des saturations $S < 5$. Ces couleurs couvrent le domaine du jaune-vert au jaune pour le kaki, du jaune à l'orangé pour le brun et de l'orangé au rouge-orangé pour le marron. Leurs qualificatifs de clarté et de saturation se recouvrent souvent de manière identique.

Table 11 : KAKI *Diagrammes 10 à 13* h_{uv} : *60° à 79°* λ_d : *572,5 à 578,5 nm*

Dénominations		Diagrammes	h_{uv} en degrés	L^*	S
KAKI	clair	11 – 12	$63 \leq h_{uv} < 75$	$43 \leq L^* < 52$	$1,5 \leq S < 4$
	grisé	11 – 12		$27 \leq L^* < 43$	$N \leq S < 1,9$
	moyen	11 – 12		$27 \leq L^* < 43$	$1,9 \leq S < 3,5$
	intense	11 – 12		$43 \leq L^* < 46$	$4 \leq S < 5$
				$33 \leq L^* < 43$	$3,5 \leq S < 5$
	sombre	11 – 12		$3 \leq L^* < 27$	$N \leq S < 2,4$
	foncé	11 – 12		$3 \leq L^* < 27$	$2,4 \leq S < 3,5$
	profond	11 – 12		Indét $\leq L^* < 33$	$3,5 \leq S < 5^+$
KAKI – BRUN	clair	13	$60 \leq h_{uv} < 63$	$43 \leq L^* < 52$	$1,5 \leq S < 4$
	grisé	13		$27 \leq L^* < 43$	$N \leq S < 1,9$
	moyen	13		$27 \leq L^* < 43$	$1,9 \leq S < 3,5$
	intense	13		$43 \leq L^* < 46$	$4 \leq S < 5$
				$33 \leq L^* < 43$	$3,5 \leq S < 5$
	sombre	13		$3 \leq L^* < 27$	$N \leq S < 2,4$
	foncé	13		$3 \leq L^* < 27$	$2,4 \leq S < 3,5$
	profond	13		Indét $\leq L^* < 33$	$3,5 \leq S < 5^+$
KAKI – JAUNE		11 à 13	$60 \leq h_{uv} < 75$	$46 \leq L^* < 52$	$4 \leq S < 5$
KAKI verdâtre	clair	10	$75 \leq h_{uv} < 79$	$43 \leq L^* < 52$	$N \leq S < 3$
	grisé	10		$27 \leq L^* < 43$	$N \leq S < 1,7$
	moyen	10		$27 \leq L^* < 43$	$1,7 \leq S < 3$
	intense	10		$27 \leq L^* < 46$	$3 \leq S < 4$
	sombre	10		$15 \leq L^* < 27$	$N \leq S < 2$
	foncé	10		$15 \leq L^* < 27$	$2 \leq S < 3$
				$3 \leq L^* < 15$	$N \leq S < 3$
KAKI – VERT	clair	10	$75 \leq h_{uv} < 79$	$47 \leq L^* < 52$	$3 \leq S < 4$
	profond	10		Indét $\leq L^* < 27$	$3 \leq S \leq 4^+$

Table 12 : MARRON *Diagrammes 20 à 22* h_{uv} : *15° à 28°* λ_d : *592 à 605,5 nm*

MARRON	clair	21 – 22	$15 \leq h_{uv} < 26$	$38 \leq L^* < 46$	$1,5 \leq S < 4$
	grisé	21 – 22		$25 \leq L^* < 38$	$N \leq S < 1,9$
	moyen	21 – 22		$25 \leq L^* < 38$	$1,9 \leq S < 3,8$
	intense	21 – 22		$38 \leq L^* < 41$	$4 \leq S < 5$
				$25 \leq L^* < 38$	$3,8 \leq S < 5$
	sombre	21 – 22		$3 \leq L^* < 25$	$N \leq S < 2,4$
	foncé	21 – 22		$3 \leq L^* < 25$	$2,4 \leq S < 3,8$
	profond	21 – 22		$3 \leq L^* < 25$	$3,8 \leq S < 5^+$
MARRON – BRUN	clair	20	$26 \leq h_{uv} < 28$	$38 \leq L^* < 46$	$1,5 \leq S < 4$
	grisé	20		$25 \leq L^* < 38$	$N \leq S < 1,9$
	moyen	20		$25 \leq L^* < 38$	$1,9 \leq S < 3,8$
	intense	20		$38 \leq L^* < 41$	$4 \leq S < 5$
				$25 \leq L^* < 38$	$3,8 \leq S < 5$
	sombre	20		$3 \leq L^* < 25$	$N \leq S < 2,4$
	foncé	20		$3 \leq L^* < 25$	$2,4 \leq S < 3,8$
	profond	20		Indét $\leq L^* < 25$	$3,8 \leq S \leq 5^+$
MARRON – ORANGE		20 à 22	$15 \leq h_{uv} < 28$	$41 \leq L^* < 46$	$4 \leq S < 5$
MARRON – ROSE		20 à 22	$15 \leq h_{uv} < 28$	$38 \leq L^* < 46$	$N \leq S < 1,5$

Table 13 : VIOLET *Diagrammes 1 à 3* h_{uv} : *264° à 299°* λ_c : *–556 à –566,5 nm*
ou λ_d : *380 à 466,5 nm*

Dénominations		Diagrammes	h_{uv} en degrés	L*	S
VIOLET – POURPRE	pâle	1	286 ≤ h_{uv} < 299	69 ≤ L* ≤ 92*	N ≤ S < 1,7
	clair	1		57 ≤ L* ≤ COpt	1,7 ≤ S < 3,7
	vif	1		50 ≤ L* ≤COpt	3,7 ≤ S ≤ 7
	grisé	1		57 ≤ L* < 69	N ≤ S < 1,7
				36 ≤ L* < 57	N ≤ S < 2
	moyen	1		50 ≤ L* < 57	2 ≤ S < 3,7
				32 ≤ L* < 50	2 ≤ S < 3,9
	intense	1		27 ≤ L* < 50	3,9 ≤ S ≤ 7
	sombre	1		32 ≤ L* < 36	N ≤ S < 2
				3 ≤ L* < 32	N ≤ S < 2,5
	foncé	1		27 ≤ L* < 32	2,5 ≤ S < 3,9
				3 ≤ L* < 27	2,5 ≤ S < 4,6
	profond	1		3 ≤ L* < 27	4,6 ≤ S ≤ 7
VIOLET	pâle	2	273 ≤ h_{uv} < 286	69 ≤ L* ≤ 92*	N ≤ S < 1,5
	clair	2		57 ≤ L* ≤ COpt	1,5 ≤ S < 3
	vif	2		52 ≤ L* ≤ COpt	3 ≤ S ≤ 7
	grisé	2		57 ≤ L* < 69	N ≤ S < 1,5
				36 ≤ L* < 57	N ≤ S < 1,9
	moyen	2		52 ≤ L* < 57	1,9 ≤ S < 3
				32 ≤ L* < 52	1,9 ≤ S < 3,5
	intense	2		27 ≤ L* < 52	3,5 ≤ S ≤ 7
	sombre	2		32 ≤ L* < 36	N ≤ S < 1,9
				3 ≤ L* < 32	N ≤ S < 2,5
	foncé	2		27 ≤ L* < 32	2,5 ≤ S < 3,5
				3 ≤ L* < 27	2,5 ≤ S < 4,6
	profond	2		3 ≤ L* < 27	4,6 ≤ S ≤ 7
VIOLET – BLEU	pâle	3	264≤ h_{uv} < 273	69 ≤ L* ≤ 92*	N ≤ S < 1,7
	clair	3		57 ≤ L* ≤ COpt	1,7 ≤ S < 3,4
	vif	3		52 ≤ L* ≤ COpt	3,4 ≤ S ≤ 7^{+}
	grisé	3		57 ≤ L* < 69	N ≤ S < 1,7
				36 ≤ L* < 57	N ≤ S < 2,2
	moyen	3		52 ≤ L* < 57	2,2 ≤ S < 3,4
				32 ≤ L* < 52	2,2 ≤ S < 4
	intense	3		27 ≤ L* < 52	4 ≤ S ≤ 7
	sombre	3		32 ≤ L* < 36	N ≤ S < 2,2
				3 ≤ L* < 32	N ≤ S < 2,7
	foncé	3		27 ≤ L* < 32	2,7 ≤ S < 4
				3 ≤ L* < 27	2,7 ≤ S < 4,8
	profond	3		3 ≤ L* < 27	4,8 ≤ S ≤ 7

Table 14 : BLEU *Diagrammes 4 à 6* h_{uv} : *198 ° à 264°* λ_d : *466,5 à 490 nm*

Dénominations		Diagrammes	h_{uv} en degrés	L^*	S
BLEU – VIOLET	pâle	4	$246 \le h_{uv} < 264$	$69 \le L^* \le 92^*$	$N \le S < 2$
	clair	4		$57 \le L^* \le$ COpt	$2 \le S < 4$
	vif	4		$52 \le L^* \le$ COpt	$4 \le S \le 7^+$
	grisé	4		$57 \le L^* < 69$	$N \le S < 2$
				$36 \le L^* < 57$	$N \le S < 2,5$
	moyen	4		$52 \le L^* < 57$	$2,5 \le S < 4$
				$34 \le L^* < 52$	$2,5 \le S < 4,5$
	intense	4		$27 \le L^* < 52$	$4,5 \le S \le 7$
	sombre	4		$34 \le L^* < 36$	$N \le S < 2,5$
				$3 \le L^* < 34$	$N \le S < 3$
	foncé	4		$27 \le L^* < 34$	$3 \le S < 4,5$
				$3 \le L^* < 27$	$3 \le S < 5,2$
	profond	4		$3 \le L^* < 27$	$5,2 \le S \le 7$
BLEU	pâle	5	$231 \le h_{uv} < 246$	$69 \le L^* \le 92^*$	$N \le S < 2$
	clair	5		$62 \le L^* \le$ COpt	$2 \le S < 4$
	vif	5		$54 \le L^* \le$ COpt	$4 \le S \le 7$
	grisé	5		$62 \le L^* < 69$	$N \le S < 2$
				$38 \le L^* < 62$	$N \le S < 2,5$
	moyen	5		$54 \le L^* < 62$	$2,5 \le S < 4$
				$34 \le L^* < 54$	$2,5 \le S < 4,5$
	intense	5		$27 \le L^* < 54$	$4,5 \le S \le 7$
	sombre	5		$34 \le L^* < 38$	$N \le S < 2,5$
				$3 \le L^* < 34$	$N \le S < 3$
	foncé	5		$27 \le L^* < 34$	$3 \le S < 4,5$
				$3 \le L^* < 27$	$3 \le S < 5,2$
	profond	5		$3 \le L^* < 27$	$5,2 \le S \le 7$
BLEU – VERT	pâle	6	$198 \le h_{uv} < 231$	$69 \le L^* \le 94^*$	$N \le S < 1,7$
	clair	6		$67 \le L^* \le$ COpt	$1,7 \le S < 3,9$
	vif	6		$62 \le L^* \le$ COpt	$3,9 \le S \le 7^+$
	grisé	6		$67 \le L^* < 69$	$N \le S < 1,7$
				$38 \le L^* < 67$	$N \le S < 2,2$
	moyen	6		$62 \le L^* < 67$	$2,2 \le S < 3,9$
				$36 \le L^* < 62$	$2,2 \le S < 4,5$
	intense	6		$33 \le L^* < 62$	$4,5 \le S \le 7$
	sombre	6		$36 \le L^* < 38$	$N \le S < 2,2$
				$3 \le L^* < 36$	$N \le S < 2,6$
	foncé	6		$33 \le L^* < 36$	$2,6 \le S < 4,5$
				$3 \le L^* < 33$	$2,6 \le S < 4,8$
	profond	6		$3 \le L^* < 33$	$4,8 \le S \le 7$

Table 15 : VERT *Diagrammes 7 à 10* h_{uv} : *75° à 198°* λ_d : *490 à 574 nm*

Dénominations		Diagrammes	h_{uv} en degrés	*L**	*S*
VERT – BLEU	pâle	7	154 ≤ h_{uv} < 198	72 ≤ *L** < 94	N ≤ *S* < 1,5
	clair	7		70 ≤ *L** ≤ 94*	1,5 ≤ *S* < 3,8
	vif	7		62 ≤ *L** ≤ 94*	3,8 ≤ *S* ≤ 7
	grisé	7		70 ≤ *L** < 72	N ≤ *S* < 1,5
				41 ≤ *L** < 70	N ≤ *S* < 2,2
	moyen	7		62 ≤ *L** < 70	2,2 ≤ *S* < 3,8
				41 ≤ *L** <62	2,2 ≤ *S* < 4,6
				38 ≤ *L** <41	2,5 ≤ *S* < 4,6
	intense	7		34 ≤ *L** < 62	4,6 ≤ *S* ≤ 7
	sombre	7		3 ≤ *L** < 41	N ≤ *S* < 2,5
	foncé	7		3 ≤ *L** < 38	2,5 ≤ *S* < 4,6
	profond	7		3 ≤ *L** < 34	4,6 ≤ *S* ≤ 7
VERT	pâle	8	135 ≤ h_{uv} < 154	72 ≤ *L** < 94	N ≤ *S* < 1,6
	clair	8		70 ≤ *L** < 94	1,6 ≤ *S* < 3,9
	vif	8		63 ≤ *L** < 94*	3,9 ≤ *S* ≤ 7
	grisé	8		70 ≤ *L** < 72	N ≤ *S* < 1,6
				41 ≤ *L** < 70	N ≤ *S* < 2,3
	moyen	8		63 ≤ *L** <70	2,3 ≤ *S* < 3,9
				41 ≤ *L** <63	2,3 ≤ *S* < 5
				38 ≤ *L** < 41	2,5 ≤ *S* < 5
	intense	8		36 ≤ *L** < 63	5 ≤ *S* ≤ 7
	sombre	8		3 ≤ *L** < 41	N ≤ *S* < 2,5
	foncé	8		3 ≤ *L** < 38	2,5 ≤ *S* < 4,6
	profond	8		36 ≤ *L** < 38	4,6 ≤ *S* < 5
				3 ≤ *L** < 36	4,6 ≤ *S* ≤ 7
VERT – JAUNE	pâle	9	79 ≤ h_{uv} < 135	75 ≤ *L** < 94	N ≤ *S* < 1,8
	clair	9		73 ≤ *L** < 94	1,8 ≤ *S* < 4,3
	vif	9		73 ≤ *L** < 94*	4,3 ≤ *S* ≤ 7
	grisé	9	79 ≤ h_{uv} < 135	73 ≤ *L** < 75	N ≤ *S* < 1,8
				41 ≤ *L** < 73	N ≤ *S* < 2,3
		10	75 ≤ h_{uv} < 79	52 ≤ *L** < 62	N ≤ *S* < 2,4
	moyen	9	79 ≤ h_{uv} < 135	46 ≤ *L** < 73	2,3 ≤ *S* < 5
				41 ≤ *L** <46	2,3 ≤ *S* < 4,6
		10	75 ≤ h_{uv} < 79	62 ≤ *L** < 79	4 ≤ *S* < 5
				52 ≤ *L** < 62	2,4 ≤ *S* < 5
				Indét ≤ *L** < 52	4≤ *S* < 5
	intense	9	79 ≤ h_{uv} < 135	46 ≤ *L** < 73	5 ≤ *S* ≤7
	sombre	9		3≤ *L** < 41	N ≤ *S* < 2,5
	foncé	9		3 ≤ *L** < 41	2,5 ≤ *S* < 4,6
	profond	9		3 ≤ *L** < 46	4,6 ≤ *S* ≤ 7

Table 16 : JAUNE *Diagrammes 10 à 16* h_{uv} : *43° à 79°* λ_d : *572,5 à 584,5 nm*

Dénominations		Diagrammes	h_{uv} en degrés	*L**	*S*
JAUNE – VERT	pâle	10 – 11	72 ≤ h_{uv} < 79	79 ≤ *L** ≤ 94	4 ≤ *S* < 4,8
	clair	10	75 ≤ h_{uv} < 79	79 ≤ *L** ≤ 94	4,8 ≤ *S* < 6
		11	72 ≤ h_{uv} < 75	82 ≤ *L** ≤ 94	4,8 ≤ *S* < 6
	vif	10 – 11	72 ≤ h_{uv} < 79	82 ≤ *L** ≤ 94	6 ≤ *S* ≤ 7
	grisé	11	72 ≤ h_{uv} < 75	52 ≤ *L** < 79	4 ≤ *S* < 4,6

JAUNE – VERT *(suite)*	moyen	10	75 ≤ h_{uv} < 79	62 ≤ L^* < 79	5 ≤ S < 6
		11	72 ≤ h_{uv} < 75	79 ≤ L^* < 82	4,8 ≤ S < 6
				66 ≤ L^* < 79	4,6 ≤ S < 6
				62 ≤ L^* < 66	4,6 ≤ S < 5,8
	intense	10 – 11	72 ≤ h_{uv} < 79	66 ≤ L^* < 82	6 ≤ S ≤ 7
	foncé	10	75 ≤ h_{uv} < 79	Indét ≤ L^* < 62	5 ≤ S < 6
		11	72 ≤ h_{uv} < 75	52 ≤ L^* < 62	4,6 ≤ S < 5,8
				Indét ≤ L^* < 52	5 ≤ S < 5,8
	profond	10	75 ≤ h_{uv} < 79	Indét ≤ L^* < 66	6 ≤ S ≤ 7
		11	72 ≤ h_{uv} < 75	Indét ≤ L^* < 66	5,8 ≤ S ≤ 7
JAUNE	pâle	12 à 14	57 ≤ h_{uv} < 72	79 ≤ L^* ≤ 94	4 ≤ S < 4,8
	clair	12 à 14		82 ≤ L^* ≤ 94*	4,8 ≤ S < 6
	vif	12 à 14		82 ≤ L^* ≤ COpt	6 ≤ S ≤ 7
	grisé	12 à 14		52 ≤ L^* < 79	4 ≤ S < 4,6
	moyen	12 à 14	57 ≤ h_{uv} < 72	79 ≤ L^* < 82	4,8 ≤ S < 6
		12	63 ≤ h_{uv} < 72	63 ≤ L^* < 79	4,6 ≤ S < 6
		13	60 ≤ h_{uv} < 63	70 ≤ L^* < 79	4,6 ≤ S < 6
				66 ≤ L^* < 70	4,6 ≤ S < 5,8
		14	57 ≤ h_{uv} < 60	67 ≤ L^* < 79	4,6 ≤ S < 6
				62 ≤ L^* < 67	4,6 ≤ S < 5,8
	intense	12 – 13	60 ≤ h_{uv} < 72	70 ≤ L^* < 82	6 ≤ S ≤ 7
		14	57 ≤ h_{uv} < 60	67 ≤ L^* < 82	6 ≤ S ≤ 7
	foncé	12	63 ≤ h_{uv} < 72	52 ≤ L^* < 63	4,6 ≤ S < 6
				Indét ≤ L^* < 52	5 ≤ S < 6
		13	60 ≤ h_{uv} < 63	52 ≤ L^* < 66	4,6 ≤ S < 5,8
		14	57 ≤ h_{uv} < 60	52 ≤ L^* < 62	4,6 ≤ S < 5,8
		13 – 14	57 ≤ h_{uv} < 63	Indét ≤ L^* < 52	5 ≤ S < 5,8
	profond	12	63 ≤ h_{uv} < 72	Indét ≤ L^* < 70	6 ≤ S < 7
		13	60 ≤ h_{uv} < 63	Indét ≤ L^* < 70	5,8 ≤ S < 7
		14	57 ≤ h_{uv} < 60	Indét ≤ L^* < 67	5,8 ≤ S ≤ 7
JAUNE – ORANGÉ	pâle	15	48 ≤ h_{uv} < 57	79 ≤ L^* ≤ COpt	4 ≤ S < 4,8
	clair	15	48 ≤ h_{uv} < 57	80 ≤ L^* ≤ COpt	4,8 ≤ S < 5,8
		16	43 ≤ h_{uv} < 48	79 ≤ L^* ≤ COpt	5 ≤ S < 5,8
				76 ≤ L^* < 79	4,7 ≤ S < 5,8
	vif	15	48 ≤ h_{uv} < 57	80 ≤ L^* ≤ COpt	5,8 ≤ S < 7
		16	43 ≤ h_{uv} < 48	76 ≤ L^* ≤ COpt	5,8 ≤ S < 7
	grisé	15	48 ≤ h_{uv} < 57	52 ≤ L^* < 79	4 ≤ S < 4,6
		16	43 ≤ h_{uv} < 48	52 ≤ L^* < 79	4 ≤ S < 4,7
	moyen	15	48 ≤ h_{uv} < 57	79 ≤ L^* < 80	4,8 ≤ S < 6
				63 ≤ L^* < 79	4,6 ≤ S < 6
				57 ≤ L^* < 63	4,6 ≤ S < 5,8
		16	43 ≤ h_{uv} < 48	62 ≤ L^* < 76	4,7 ≤ S < 6
				57 ≤ L^* < 62	4,7 ≤ S < 5,8
	intense	15	48 ≤ h_{uv} < 57	63 ≤ L^* < 80	6 ≤ S ≤ 7
		16	43 ≤ h_{uv} < 48	62 ≤ L^* < 76	6 ≤ S ≤ 7
	foncé	15	48 ≤ h_{uv} < 57	52 ≤ L^* < 57	4,6 ≤ S < 5,8
		16	43 ≤ h_{uv} < 48	52 ≤ L^* < 57	4,7 ≤ S < 5,8
		15 – 16	43 ≤ h_{uv} < 57	Indét ≤ L^* < 52	5 ≤ S < 5,8
	profond	15	48 ≤ h_{uv} < 57	Indét ≤ L^* < 63	5,8 ≤ S < 7
		16	43 ≤ h_{uv} < 48	Indét ≤ L^* < 62	5,8 ≤ S ≤ 7

Table 17 : ORANGÉ *Diagrammes 17 à 22* h_{uv} : *15° à 43°* λ_d : *584,5 à 605,5 nm*

Dénominations		Diagrammes	h_{uv} en degrés	L^*	S
ORANGÉ – JAUNE	clair	17	$38 \leq h_{uv} < 43$	$79 \leq L^* \leq$ COpt	$5 \leq S < 5,9$
				$73 \leq L^* \leq 79$	$4,7 \leq S < 5,9$
		18	$35 \leq h_{uv} < 38$	$79 \leq L^* \leq$ COpt	$5 \leq S < 5,8$
				$72 \leq L^* \leq 79$	$4,7 \leq S < 5,8$
	vif	17	$38 \leq h_{uv} < 43$	$73 \leq L^* \leq$ COpt	$5,9 \leq S \leq 7$
		18	$35 \leq h_{uv} < 38$	$72 \leq L^* \leq$ COpt	$5,8 \leq S \leq 7$
	grisé	17 – 18	$35 \leq h_{uv} < 43$	$52 \leq L^* < 79$	$4 \leq S < 4,7$
	moyen	17	$38 \leq h_{uv} < 43$	$57 \leq L^* < 73$	$4,7 \leq S < 6$
				$54 \leq L^* < 57$	$4,7 \leq S < 5,8$
		18	$35 \leq h_{uv} < 38$	$57 \leq L^* < 72$	$4,7 \leq S < 6$
				$52 \leq L^* < 57$	$4,7 \leq S < 5,8$
	intense	17	$38 \leq h_{uv} < 43$	$57 \leq L^* < 73$	$6 \leq S \leq 7$
		18	$35 \leq h_{uv} < 38$	$57 \leq L^* < 72$	$6 \leq S \leq 7$
	foncé	17	$38 \leq h_{uv} < 43$	$52 \leq L^* < 54$	$4,7 \leq S < 5,8$
		17 – 18	$35 \leq h_{uv} < 43$	Indét $\leq L^* < 52$	$5 \leq S < 5,8$
	profond	17 – 18	$35 \leq h_{uv} < 43$	Indét $\leq L^* < 57$	$5,8 \leq S \leq 7$
ORANGÉ	clair	19 – 20	$26 \leq h_{uv} < 35$	$79 \leq L^* \leq$ COpt	$5 \leq S < 5,8$
		19	$28 \leq h_{uv} < 35$	$72 \leq L^* \leq 79$	$4 \leq S < 5,8$
		20	$26 \leq h_{uv} < 28$	$70 \leq L^* \leq 79$	$4 \leq S < 5,8$
	vif	19	$28 \leq h_{uv} < 35$	$70 \leq L^* \leq$ COpt	$5,8 \leq S \leq 7$
		20	$26 \leq h_{uv} < 28$	$66 \leq L^* \leq$ COpt	$5,8 \leq S \leq 7$
	grisé	19	$28 \leq h_{uv} < 35$	$52 \leq L^* < 72$	$4 \leq S < 4,7$
		20	$26 \leq h_{uv} < 28$	$46 \leq L^* < 70$	$4 \leq S < 4,7$
	moyen	19	$28 \leq h_{uv} < 35$	$70 \leq L^* < 72$	$4,7 \leq S < 5,8$
				$54 \leq L^* < 70$	$4,7 \leq S < 6$
				$52 \leq L^* < 54$	$4,7 \leq S < 5,8$
		20	$26 \leq h_{uv} < 28$	$66 \leq L^* < 70$	$4,7 \leq S < 5,8$
				$48 \leq L^* < 66$	$4,7 \leq S < 6$
	intense	19	$28 \leq h_{uv} < 35$	$54 \leq L^* < 70$	$6 \leq S \leq 7$
		20	$26 \leq h_{uv} < 28$	$48 \leq L^* < 66$	$6,1 \leq S \leq 7$
	foncé	19	$28 \leq h_{uv} < 35$	Indét $\leq L^* < 52$	$5 \leq S < 5,8$
		20	$26 \leq h_{uv} < 28$	$46 \leq L^* < 48$	$4,7 \leq S < 5,8$
				Indét $\leq L^* < 46$	$5 \leq S < 5,8$
	profond	19	$28 \leq h_{uv} < 35$	Indét $\leq L^* < 54$	$5,8 \leq S < 7$
		20	$26 \leq h_{uv} < 28$	Indét $\leq L^* < 48$	$5,8 \leq S \leq 7$
ORANGÉ – ROUGE	clair	21	$22 \leq h_{uv} < 26$	$66 \leq L^* \leq$ COpt	$5 \leq S < 6$
		22	$15 \leq h_{uv} < 22$	$60 \leq L^* <$ COpt	$5 \leq S < 6,2$
	vif	21	$22 \leq h_{uv} < 26$	$64 \leq L^* \leq$ COpt	$6 \leq S < 7$
		22	$15 \leq h_{uv} < 22$	$57 \leq L^* \leq$ COpt	$6,2 \leq S < 7$
	moyen	21	$22 \leq h_{uv} < 26$	$46 \leq L^* < 66$	$5 \leq S < 6$
		22	$15 \leq h_{uv} < 22$	$38 \leq L^* < 60$	$5 \leq S < 6,2$
	intense	21	$22 \leq h_{uv} < 26$	$46 \leq L^* < 64$	$6 \leq S < 7$
		22	$15 \leq h_{uv} < 22$	$38 \leq L^* < 57$	$6,2 \leq S < 7$
	foncé	21	$22 \leq h_{uv} < 26$	Indét $\leq L^* < 46$	$5 \leq S < 5,7$
		22	$15 \leq h_{uv} < 22$	Indét $\leq L^* < 38$	$5 \leq S < 6$
	profond	21	$22 \leq h_{uv} < 26$	Indét $\leq L^* < 46$	$5,7 \leq S < 7$
		22	$15 \leq h_{uv} < 22$	Indét $\leq L^* < 38$	$6 \leq S < 7$
ORANGÉ – ROSE	clair	21	$22 \leq$ huv < 26	$70 \leq L^* < 79$*	$4 \leq S < 5$
	moyen	21	$22 \leq$ huv < 26	$46 \leq L^* < 70$	$4 \leq S < 5$

Table 18 : ROUGE *Diagrammes 23 à 25* h_{uv} *: 0° à 15° ou 350° à 360°* λ_d *: 605,5 à 780 nm*
ou λ_c *: –493 à –498,5 nm*

Dénominations		Diagrammes	h_{uv} en degrés	L^*	S
ROUGE – ORANGÉ	clair	23	$9 \leq h_{uv} < 15$	$57 \leq L^* \leq$ COpt	$5 \leq S < 6{,}5$
	vif	23		$52 \leq L^* \leq$ COpt	$6{,}5 \leq S \leq 7$
	grisé	23		$46 \leq L^* < 57$	$5 \leq S < 5{,}4$
				$38 \leq L^* < 46$	$4 \leq S < 5{,}4$
				$34 \leq L^* < 38$	$5 \leq S < 5{,}4$
	moyen	23		$52 \leq L^* < 57$	$5{,}4 \leq S < 6{,}5$
				$34 \leq L^* < 52$	$5{,}4 \leq S < 6{,}7$
	intense	23		$34 \leq L^* < 52$	$6{,}7 \leq S \leq 7$
	foncé	23		$27 \leq L^* < 34$	$5 \leq S \leq 7$
ROUGE	clair	24	$4 \leq h_{uv} < 9$	$57 \leq L^* \leq$ COpt	$5 \leq S < 6{,}5$
	vif	24		$52 \leq L^* \leq$ COpt	$6{,}5 \leq S \leq 7$
	grisé	24		$46 \leq L^* < 57$	$5 \leq S < 5{,}2$
				$37 \leq L^* < 46$	$4 \leq S < 5{,}2$
				$34 \leq L^* < 37$	$5 \leq S < 5{,}2$
	moyen	24		$52 \leq L^* < 57$	$5{,}2 \leq S < 6{,}4$
				$34 \leq L^* < 52$	$5{,}2 \leq S < 6{,}7$
	intense	24		$34 \leq L^* < 52$	$5{,}7 \leq S \leq 7$
ROUGE – POURPRE	clair	25	$h_{uv} < 4$ ou $h_{uv} \geq 350$	$54 \leq L^* \leq$ COpt	$5 \leq S < 6{,}2$
	vif	25		$52 \leq L^* \leq$ COpt	$6{,}2 \leq S \leq 7^{+}$
	grisé	25		$38 \leq L^* < 46$	$4 \leq S < 5$
	moyen	25		$52 \leq L^* < 54$	$5 \leq S < 6{,}2$
				$32 \leq L^* < 52$	$5 \leq S < 6{,}5$
	intense	25		$32 \leq L^* < 52$	$6{,}5 \leq S \leq 7$
ROUGE – BORDEAUX		24	$4 \leq h_{uv} < 9$	$27 \leq L^* < 34$	$5 \leq S \leq 7$
		25	$h_{uv} < 4$ ou $h_{uv} \geq 350$	$27 \leq L^* < 32$	$5 \leq S \leq 7$

Table 19 : POURPRE *Diagrammes 26 à 30* h_{uv} : *299° à 350°* λ_c : *–498,5 à –556 nm*

Dénominations		Diagrammes	h_{uv} en degrés	L^*	S
POURPRE – ROUGE	clair	26	$346 \le h_{uv} < 350$	$52 \le L^* \le$ COpt	$4,5 \le S < 5,5$
		27	$335 \le h_{uv} < 346$	$52 \le L^* \le$ COpt	$4,5 \le S < 5,2$
	vif	26	$346 \le h_{uv} < 350$	$52 \le L^* \le$ COpt	$5,5 \le S \le 7$
		27	$335 \le h_{uv} < 346$	$52 \le L^* \le$ COpt	$5,2 \le S \le 7$
	grisé	27		$30 \le L^* < 46$	$N \le S < 3,0$
	moyen	26	$346 \le h_{uv} < 350$	$30 \le L^* < 52$	$4 \le S < 5,5$
		27	$335 \le h_{uv} < 346$	$46 \le L^* < 52$	$4 \le S < 5,2$
				$30 \le L^* < 46$	$3 \le S < 5,2$
	intense	26	$346 \le h_{uv} < 350$	$30 \le L^* < 52$	$5,5 \le S \le 7$
		27	$335 \le h_{uv} < 346$	$30 \le L^* < 52$	$5,2 \le S \le 7$
	sombre	27		$3 \le L^* < 30$	$N \le S < 3,2$
	foncé	26	$346 \le h_{uv} < 350$	$3 \le L^* < 30$	$4 \le S < 6$
		27	$335 \le h_{uv} < 346$	$3 \le L^* < 30$	$3,2 \le S < 5,8$
	profond	26	$346 \le h_{uv} < 350$	$3 \le L^* < 30$	$6 \le S < 7$
		27	$335 \le h_{uv} < 346$	$3 \le L^* < 30$	$5,8 \le S \le 7$
POURPRE	pâle	29	$313 \le h_{uv} < 329$	$66 \le L^* \le 94$*	$N \le S < 2$
	clair	28	$329 \le h_{uv} < 335$	$57 \le L^* \le$ COpt	$4 \le S < 4,5$
		29	$313 \le h_{uv} < 329$	$57 \le L^* \le$ COpt	$2 \le S < 4,3$
	vif	28	$329 \le h_{uv} < 335$	$52 \le L^* \le$ COpt	$4,5 \le S \le 7$
		29	$313 \le h_{uv} < 329$	$52 \le L^* \le$ COpt	$4,3 \le S \le 7$
	grisé	28	$329 \le h_{uv} < 335$	$30 \le L^* < 46$	$N \le S < 3$
		29	$313 \le h_{uv} < 329$	$57 \le L^* < 66$	$N \le S < 2$
				$34 \le L^* < 57$	$N \le S < 2,2$
	moyen	28	$329 \le h_u < 335$	$52 \le L^* < 57$	$4 \le S <$ 4 ;5
				$46 \le L^* < 52$	$4 \le S < 5$
				$30 \le L^* < 46$	$3 \le S < 5$
		29	$313 \le h_{uv} < 329$	$52 \le L^* < 57$	$2,2 \le S < 4,3$
				$30 \le L^* < 52$	$2,2 \le S < 4,6$
	intense	28	$329 \le h_{uv} < 335$	$30 \le L^* < 52$	$5 \le S \le 7$
		29	$313 \le h_{uv} < 329$	$30 \le L^* < 52$	$4,6 \le S \le 7$
	sombre	28	$329 \le h_u < 335$	$3 \le L^* < 30$	$N \le S < 3,2$
		29	$313 \le h_{uv} < 329$	$30 \le L^* < 34$	$N \le S < 2,2$
				$3 \le L^* < 30$	$N \le S < 2,9$
	foncé	28	$329 \le h_{uv} < 335$	$3 \le L^* < 30$	$3,2 \le S < 5,3$
		29	$313 \le h_{uv} < 329$	$3 \le L^* < 30$	$2,9 \le S < 5$
	profond	28	$329 \le h_{uv} < 335$	$3 \le L^* < 30$	$5,3 \le S \le 7$
		29	$313 \le h_{uv} < 329$	$3 \le L^* < 30$	$5 \le S \le 7$
POURPRE – VIOLET	pâle	30	$299 \le h_{uv} < 313$	$69 \le L^* \le 92$*	$N \le S < 1,8$
	clair	30		$57 \le L^* \le$ COpt	$1,8 \le S < 4,1$
	vif	30		$50 \le L^* \le$ COpt	$4,1 \le S \le 7$
	grisé	30		$57 \le L^* < 69$	$N \le S < 1,8$
				$36 \le L^* < 57$	$N \le S < 2,3$
	moyen	30		$50 \le L^* < 57$	$2,3 \le S < 4,1$
				$32 \le L^* < 50$	$2,3 \le S < 4,4$
	intense	30		$27 \le L^* < 50$	$4,4 \le S \le 7$
	sombre	30		$32 \le L^* < 36$	$N \le S < 2,3$
				$3 \le L^* < 32$	$N \le S < 2,6$
	foncé	30		$27 \le L^* < 32$	$2,6 \le S < 4,4$
				$3 \le L^* < 27$	$2,6 \le S < 4,8$
	profond	30		$3 \le L^* < 27$	$4,8 \le S \le 7$

Table 20 : NEUTRES et presque NEUTRES (partie 1)

Dénominations		Diagrammes	h_{uv} en degrés	L^*	S
BLANC		1 à 30	neutre toutes valeurs	$94 \leq L^* <$ COpt	$0 \leq S < 1$
				$92 \leq L^* < 94$	$0 \leq S < 0,25$
				$89.5 \leq L^* < 92$	$0 \leq S < 0,15$
BLANC	violacé	2 - 3	$264 \leq h_{uv} < 286$	$94 \leq L^* <$ COpt	$1 \leq S <$ COpt
				$92 \leq L^* < 94$	$0,25 \leq S < 1,2$
				$89.5 \leq L^* < 92$	$0,15 \leq S < 0,5$
	bleuté	4 à 6	$198 \leq h_{uv} < 264$	$94 \leq L^* <$ COpt	$1 \leq S <$ COpt
				$92 \leq L^* < 94$	$0,25 \leq S < 1,2$
				$89.5 \leq L^* < 92$	$0,15 \leq S < 0,5$
	verdâtre	7 à 9	$79 \leq h_{uv} < 198$	$94 \leq L^* <$ COpt	$1 \leq S <$ COpt
				$92 \leq L^* < 94$	$0,25 \leq S < 1,2$
				$89.5 \leq L^* < 92$	$0,15 \leq S < 0,5$
	ivoire	10 à 13	$60 \leq h_{uv} < 79$	$94 \leq L^* <$ COpt	$1 \leq S <$ COpt
				$92 \leq L^* < 94$	$0,25 \leq S < 1,2$
				$89.5 \leq L^* < 92$	$0,15 \leq S < 0,5$
	crème	14 à 17	$38 \leq h_{uv} < 60$	$94 \leq L^* <$ COpt	$1 \leq S <$ COpt
				$92 \leq L^* < 94$	$0,25 \leq S < 1,2$
				$89.5 \leq L^* < 92$	$0,15 \leq S < 0,5$
	rosé	18 à 28	$h_{uv} < 38$ ou $h_{uv} \geq 329$	$94 \leq L^* <$ COpt	$1 \leq S <$ COpt
				$92 \leq L^* < 94$	$0,25 \leq S < 1,2$
				$89.5 \leq L^* < 92$	$0,15 \leq S < 0,5$
	pourpre	1 et 29 – 30	$286 \leq h_{uv} < 329$	$94 \leq L^* <$ COpt	$1 \leq S <$ COpt
				$92 \leq L^* < 94$	$0,25 \leq S < 1,2$
				$89.5 \leq L^* < 92$	$0,15 \leq S < 0,5$
BLANC - GRIS		1 à 30	neutre toutes valeurs	$87 \leq L^* < 89,5$	$0 \leq S < 0,15$
BLANC – GRIS	violacé	2 - 3	$264 \leq h_{uv} < 286$	$87 \leq L^* < 89,5$	$0,15 \leq S < 0,3$
	bleuté	4 à 6	$198 \leq h_{uv} < 264$	$87 \leq L^* < 89,5$	$0,15 \leq S < 0,3$
	verdâtre	7 à 9	$79 \leq h_{uv} < 198$	$87 \leq L^* < 89,5$	$0,15 \leq S < 0,3$
	ivoire	10 à 13	$60 \leq h_{uv} < 79$	$87 \leq L^* < 89,5$	$0,15 \leq S < 0,3$
	crème	14 à 17	$38 \leq h_{uv} < 60$	$87 \leq L^* < 89,5$	$0,15 \leq S < 0,3$
	rosé	18 à 28	$h_{uv} < 38$ ou $h_{uv} \geq 329$	$87 \leq L^* < 89,5$	$0,15 \leq S < 0,3$
	pourpre	1 et 29 - 30	$286 \leq h_{uv} < 329$	$87 \leq L^* < 89,5$	$0,15 \leq S < 0,3$
GRIS	très clair	1 à 30	neutre toutes valeurs	$79 \leq L^* < 87$	$0 \leq S < 0,15$
	clair	1 à 30		$67 \leq L^* < 79$	$0 \leq S < 0,20$
	moyen-clair	1 à 30		$57 \leq L^* < 67$	$0 \leq S < 0,20$
	moyen	1 à 30		$47 \leq L^* < 57$	$0 \leq S < 0,35$
	moyen-foncé	1 à 30		$39 \leq L^* < 47$	$0 \leq S < 0,35$
	foncé	1 à 30		$32 \leq L^* < 39$	$0 \leq S < 0,55$
	très foncé	1 à 30		$27 \leq L^* < 32$	$0 \leq S < 0,55$
GRIS / BLEU	très clair	5	$231 \leq h_{uv} < 246$	$79 \leq L^* < 87$	$0,15 \leq S < 0,30$
	clair	5		$67 \leq L^* < 79$	$0,20 \leq S < 0,45$
	moyen-clair	5		$57 \leq L^* < 67$	$0,20 \leq S < 0,45$
	moyen	5		$47 \leq L^* < 57$	$0,35 \leq S < 0,75$
	moyen-foncé	5		$39 \leq L^* < 47$	$0,35 \leq S < 0,75$
	foncé	5		$32 \leq L^* < 39$	$0,55 \leq S < 1,15$
	très foncé	5		$27 \leq L^* < 32$	$0,55 \leq S < 1,15$

Table 20 : NEUTRES et presque NEUTRES (partie 2)

Dénominations		Diagrammes	h_{uv} en degrés	L^*	S
GRIS / BLEU-VERT	très clair	6	$198 \leq h_{uv} < 231$	$79 \leq L^* < 87$	$0{,}15 \leq S < 0{,}30$
	clair	6		$67 \leq L^* < 79$	$0{,}20 \leq S < 0{,}45$
	moyen-clair	6		$57 \leq L^* < 67$	$0{,}20 \leq S < 0{,}45$
	moyen	6		$47 \leq L^* < 57$	$0{,}35 \leq S < 0{,}75$
	moyen-foncé	6		$39 \leq L^* < 47$	$0{,}35 \leq S < 0{,}75$
	foncé	6		$32 \leq L^* < 39$	$0{,}55 \leq S < 1{,}15$
	très foncé	6		$27 \leq L^* < 32$	$0{,}55 \leq S < 1{,}15$
GRIS / BLEU-VIOLET	très clair	4	$246 \leq h_{uv} < 264$	$79 \leq L^* < 87$	$0{,}15 \leq S < 0{,}30$
	clair	4		$67 \leq L^* < 79$	$0{,}20 \leq S < 0{,}45$
	moyen-clair	4		$57 \leq L^* < 67$	$0{,}20 \leq S < 0{,}45$
	moyen	4		$47 \leq L^* < 57$	$0{,}35 \leq S < 0{,}75$
	moyen-foncé	4		$39 \leq L^* < 47$	$0{,}35 \leq S < 0{,}75$
	foncé	4		$32 \leq L^* < 39$	$0{,}55 \leq S < 1{,}15$
	très foncé	4		$27 \leq L^* < 32$	$0{,}55 \leq S < 1{,}15$
GRIS / JAUNE	très clair	12 à 14	$57 \leq h_{uv} < 72$	$79 \leq L^* < 87$	$0{,}15 \leq S < 0{,}30$
	clair	12 à 14		$67 \leq L^* < 79$	$0{,}20 \leq S < 0{,}45$
	moyen-clair	12 à 14		$57 \leq L^* < 67$	$0{,}20 \leq S < 0{,}45$
	moyen	12 à 14		$47 \leq L^* < 57$	$0{,}35 \leq S < 0{,}75$
	moyen-foncé	12 à 14		$39 \leq L^* < 47$	$0{,}35 \leq S < 0{,}75$
	foncé	12 à 14		$32 \leq L^* < 39$	$0{,}55 \leq S < 1{,}15$
	très foncé	12 à 14		$27 \leq L^* < 32$	$0{,}55 \leq S < 1{,}15$
GRIS / JAUNE-ORANGÉ	très clair	15 - 16	$43 \leq h_{uv} < 57$	$79 \leq L^* < 87$	$0{,}15 \leq S < 0{,}30$
	clair	15 - 16		$67 \leq L^* < 79$	$0{,}20 \leq S < 0{,}45$
	moyen-clair	15 - 16		$57 \leq L^* < 67$	$0{,}20 \leq S < 0{,}45$
	moyen	15 - 16		$47 \leq L^* < 57$	$0{,}35 \leq S < 0{,}75$
	moyen-foncé	15 - 16		$39 \leq L^* < 47$	$0{,}35 \leq S < 0{,}75$
	foncé	15 - 16		$32 \leq L^* < 39$	$0{,}55 \leq S < 1{,}15$
	très foncé	15 - 16		$27 \leq L^* < 32$	$0{,}55 \leq S < 1{,}15$
GRIS / JAUNE-VERT	très clair	10 - 11	$72 \leq h_{uv} < 7$	$79 \leq L^* < 87$	$0{,}15 \leq S < 0{,}30$
	clair	10 - 11		$67 \leq L^* < 79$	$0{,}20 \leq S < 0{,}45$
	moyen-clair	10 - 11		$57 \leq L^* < 67$	$0{,}20 \leq S < 0{,}45$
	moyen	10 - 11		$47 \leq L^* < 57$	$0{,}35 \leq S < 0{,}75$
	moyen-foncé	10 - 11		$39 \leq L^* < 47$	$0{,}35 \leq S < 0{,}75$
	foncé	10 - 11		$32 \leq L^* < 39$	$0{,}55 \leq S < 1{,}15$
	très foncé	10 - 11		$27 \leq L^* < 32$	$0{,}55 \leq S < 1{,}15$
GRIS / ORANGÉ	très clair	19 - 20	$26 \leq h_{uv} < 38$	$79 \leq L^* < 87$	$0{,}15 \leq S < 0{,}30$
	clair	19 - 20		$67 \leq L^* < 79$	$0{,}20 \leq S < 0{,}45$
	moyen-clair	19 - 20		$57 \leq L^* < 67$	$0{,}20 \leq S < 0{,}45$
	moyen	19 - 20		$47 \leq L^* < 57$	$0{,}35 \leq S < 0{,}75$
	moyen-foncé	19 - 20		$39 \leq L^* < 47$	$0{,}35 \leq S < 0{,}75$
	foncé	19 - 20		$32 \leq L^* < 39$	$0{,}55 \leq S < 1{,}15$
	très foncé	19 - 20		$27 \leq L^* < 32$	$0{,}55 \leq S < 1{,}15$

Table 20 : NEUTRES et presque NEUTRES (partie 3)

Dénominations		Diagrammes	h_{uv} en degrés	L^*	S
GRIS / ORANGÉ-JAUNE	très clair	17 - 18	$35 \leq h_{uv} < 43$	$79 \leq L^* < 87$	$0{,}15 \leq S < 0{,}30$
	clair	17 - 18		$67 \leq L^* < 79$	$0{,}20 \leq S < 0{,}45$
	moyen-clair	17 - 18		$57 \leq L^* < 67$	$0{,}20 \leq S < 0{,}45$
	moyen	17 - 18		$47 \leq L^* < 57$	$0{,}35 \leq S < 0{,}75$
	moyen-foncé	17 - 18		$39 \leq L^* < 47$	$0{,}35 \leq S < 0{,}75$
	foncé	17 - 18		$32 \leq L^* < 39$	$0{,}55 \leq S < 1{,}15$
	très foncé	17 - 18		$27 \leq L^* < 32$	$0{,}55 \leq S < 1{,}15$
GRIS / ORANGÉ-ROUGE	très clair	21 - 22	$15 \leq h_u < 26$	$79 \leq L^* < 87$	$0{,}15 \leq S < 0{,}30$
	clair	21 - 22		$67 \leq L^* < 79$	$0{,}20 \leq S < 0{,}45$
	moyen-clair	21 - 22		$57 \leq L^* < 67$	$0{,}20 \leq S < 0{,}45$
	moyen	21 - 22		$47 \leq L^* < 57$	$0{,}35 \leq S < 0{,}75$
	moyen-foncé	21 - 22		$39 \leq L^* < 47$	$0{,}35 \leq S < 0{,}75$
	foncé	21 - 22		$32 \leq L^* < 39$	$0{,}55 \leq S < 1{,}15$
	très foncé	21 - 22		$27 \leq L^* < 32$	$0{,}55 \leq S < 1{,}15$
GRIS / POURPRE	très clair	28 - 29	$313 \leq h_{uv} < 335$	$79 \leq L^* < 87$	$0{,}15 \leq S < 0{,}30$
	clair	28 - 29		$67 \leq L^* < 79$	$0{,}20 \leq S < 0{,}45$
	moyen-clair	28 - 29		$57 \leq L^* < 67$	$0{,}20 \leq S < 0{,}45$
	moyen	28 - 29		$47 \leq L^* < 57$	$0{,}35 \leq S < 0{,}75$
	moyen-foncé	28 - 29		$39 \leq L^* < 47$	$0{,}35 \leq S < 0{,}75$
	foncé	28 - 29		$32 \leq L^* < 39$	$0{,}55 \leq S < 1{,}15$
	très foncé	28 - 29		$27 \leq L^* < 32$	$0{,}55 \leq S < 1{,}15$
GRIS / POURPRE-ROUGE	très clair	26 - 27	$335 \leq h_{uv} < 350$	$79 \leq L^* < 87$	$0{,}15 \leq S < 0{,}30$
	clair	26 - 27		$67 \leq L^* < 79$	$0{,}20 \leq S < 0{,}45$
	moyen-clair	26 - 27		$57 \leq L^* < 67$	$0{,}20 \leq S < 0{,}45$
	moyen	26 - 27		$47 \leq L^* < 57$	$0{,}35 \leq S < 0{,}75$
	moyen-foncé	26 - 27		$39 \leq L^* < 47$	$0{,}35 \leq S < 0{,}75$
	foncé	26 - 27		$32 \leq L^* < 39$	$0{,}55 \leq S < 1{,}15$
	très foncé	26 - 27		$27 \leq L^* < 32$	$0{,}55 \leq S < 1{,}15$
GRIS / POURPRE-VIOLET	très clair	30	$299 \leq h_{uv} < 313$	$79 \leq L^* < 87$	$0{,}15 \leq S < 0{,}30$
	clair	30		$67 \leq L^* < 79$	$0{,}20 \leq S < 0{,}45$
	moyen-clair	30		$57 \leq L^* < 67$	$0{,}20 \leq S < 0{,}45$
	moyen	30		$47 \leq L^* < 57$	$0{,}35 \leq S < 0{,}75$
	moyen-foncé	30		$39 \leq L^* < 47$	$0{,}35 \leq S < 0{,}75$
	foncé	30		$32 \leq L^* < 39$	$0{,}55 \leq S < 1{,}15$
	très foncé	30		$27 \leq L^* < 32$	$0{,}55 \leq S < 1{,}15$
GRIS / ROUGE	très clair	24	$4 \leq h_{uv} < 9$	$79 \leq L^* < 87$	$0{,}15 \leq S < 0{,}30$
	clair	24		$67 \leq L^* < 79$	$0{,}20 \leq S < 0{,}45$
	moyen-clair	24		$57 \leq L^* < 67$	$0{,}20 \leq S < 0{,}45$
	moyen	24		$47 \leq L^* < 57$	$0{,}35 \leq S < 0{,}75$
	moyen-foncé	24		$39 \leq L^* < 47$	$0{,}35 \leq S < 0{,}75$
	foncé	24		$32 \leq L^* < 39$	$0{,}55 \leq S < 1{,}15$
	très foncé	24		$27 \leq L^* < 32$	$0{,}55 \leq S < 1{,}15$

Table 20 : NEUTRES et presque NEUTRES (partie 4)

Dénominations		Diagrammes	h_{uv} en degrés	L^*	S
GRIS / ROUGE-ORANGÉ	très clair	23	$9 \leq h_{uv} < 15$	$79 \leq L^* < 87$	$0,15 \leq S < 0,30$
	clair	23		$67 \leq L^* < 79$	$0,20 \leq S < 0,45$
	moyen-clair	23		$57 \leq L^* < 67$	$0,20 \leq S < 0,45$
	moyen	23		$47 \leq L^* < 57$	$0,35 \leq S < 0,75$
	moyen-foncé	23		$39 \leq L^* < 47$	$0,35 \leq S < 0,75$
	foncé	23		$32 \leq L^* < 39$	$0,55 \leq S < 1,15$
	très foncé	23		$27 \leq L^* < 32$	$0,55 \leq S < 1,15$
GRIS / ROUGE-POURPRE	très clair	25	$h_{uv} < 4$ ou $h_{uv} \geq 350$	$79 \leq L^* < 87$	$0,15 \leq S < 0,30$
	clair	25		$67 \leq L^* < 79$	$0,20 \leq S < 0,45$
	moyen-clair	25		$57 \leq L^* < 67$	$0,20 \leq S < 0,45$
	moyen	25		$47 \leq L^* < 57$	$0,35 \leq S < 0,75$
	moyen-foncé	25		$39 \leq L^* < 47$	$0,35 \leq S < 0,75$
	foncé	25		$32 \leq L^* < 39$	$0,55 \leq S < 1,15$
	très foncé	25		$27 \leq L^* < 32$	$0,55 \leq S < 1,15$
GRIS / VERT	très clair	8	$135 \leq h_{uv} < 154$	$79 \leq L^* < 87$	$0,15 \leq S < 0,30$
	clair	8		$67 \leq L^* < 79$	$0,20 \leq S < 0,45$
	moyen-clair	8		$57 \leq L^* < 67$	$0,20 \leq S < 0,45$
	moyen	8		$47 \leq L^* < 57$	$0,35 \leq S < 0,75$
	moyen-foncé	8		$39 \leq L^* < 47$	$0,35 \leq S < 0,75$
	foncé	8		$32 \leq L^* < 39$	$0,55 \leq S < 1,15$
	très foncé	8		$27 \leq L^* < 32$	$0,55 \leq S < 1,15$
GRIS / VERT-BLEU	très clair	7	$154 \leq h_{uv} < 198$	$79 \leq L^* < 87$	$0,15 \leq S < 0,30$
	clair	7		$67 \leq L^* < 79$	$0,20 \leq S < 0,45$
	moyen-clair	7		$57 \leq L^* < 67$	$0,20 \leq S < 0,45$
	moyen	7		$47 \leq L^* < 57$	$0,35 \leq S < 0,75$
	moyen-foncé	7		$39 \leq L^* < 47$	$0,35 \leq S < 0,75$
	foncé	7		$32 \leq L^* < 39$	$0,55 \leq S < 1,15$
	très foncé	7		$27 \leq L^* < 32$	$0,55 \leq S < 1,15$
GRIS / VERT-JAUNE	très clair	9	$79 \leq h_{uv} < 135$	$79 \leq L^* < 87$	$0,15 \leq S < 0,30$
	clair	9		$67 \leq L^* < 79$	$0,20 \leq S < 0,45$
	moyen-clair	9		$57 \leq L^* < 67$	$0,20 \leq S < 0,45$
	moyen	9		$47 \leq L^* < 57$	$0,35 \leq S < 0,75$
	moyen-foncé	9		$39 \leq L^* < 47$	$0,35 \leq S < 0,75$
	foncé	9		$32 \leq L^* < 39$	$0,55 \leq S < 1,15$
	très foncé	9		$27 \leq L^* < 32$	$0,55 \leq S < 1,15$
GRIS / VIOLET	très clair	2	$273 \leq h_{uv} < 286$	$79 \leq L^* < 87$	$0,15 \leq S < 0,30$
	clair	2		$67 \leq L^* < 79$	$0,20 \leq S < 0,45$
	moyen-clair	2		$57 \leq L^* < 67$	$0,20 \leq S < 0,45$
	moyen	2		$47 \leq L^* < 57$	$0,35 \leq S < 0,75$
	moyen-foncé	2		$39 \leq L^* < 47$	$0,35 \leq S < 0,75$
	foncé	2		$32 \leq L^* < 39$	$0,55 \leq S < 1,15$
	très foncé	2		$27 \leq L^* < 32$	$0,55 \leq S < 1,15$

Table 20 : NEUTRES et presque NEUTRES (partie 5 et fin)

Dénominations		Diagrammes	h_{uv} en degrés	L^*	S
GRIS / VIOLET-BLEU	très clair	3	$264 \leq h_{uv} < 273$	$79 \leq L^* < 87$	$0{,}15 \leq S < 0{,}30$
	clair	3		$67 \leq L^* < 79$	$0{,}20 \leq S < 0{,}45$
	moyen-clair	3		$57 \leq L^* < 67$	$0{,}20 \leq S < 0{,}45$
	moyen	3		$47 \leq L^* < 57$	$0{,}35 \leq S < 0{,}75$
	moyen-foncé	3		$39 \leq L^* < 47$	$0{,}35 \leq S < 0{,}75$
	foncé	3		$32 \leq L^* < 39$	$0{,}55 \leq S < 1{,}15$
	très foncé	3		$27 \leq L^* < 32$	$0{,}55 \leq S < 1{,}15$
GRIS / VIOLET-POURPRE	très clair	1	$286 \leq h_{uv} < 299$	$79 \leq L^* < 87$	$0{,}15 \leq S < 0{,}30$
	clair	1		$67 \leq L^* < 79$	$0{,}20 \leq S < 0{,}45$
	moyen-clair	1		$57 \leq L^* < 67$	$0{,}20 \leq S < 0{,}45$
	moyen	1		$47 \leq L^* < 57$	$0{,}35 \leq S < 0{,}75$
	moyen-foncé	1		$39 \leq L^* < 47$	$0{,}35 \leq S < 0{,}75$
	foncé	1		$32 \leq L^* < 39$	$0{,}55 \leq S < 1{,}15$
	très foncé	1		$27 \leq L^* < 32$	$0{,}55 \leq S < 1{,}15$
NOIR		1 à 30	neutre toutes valeurs	$3 \leq L^* < 20$	$0 \leq S < 1$
				$0 \leq L^* < 3$	$0 \leq S < 1{,}5$
NOIR	bleuté	4 à 6	$198 \leq h_{uv} < 264$	$15 \leq L^* < 20$	$1 \leq S < 1{,}5$
				$3 \leq L^* < 15$	$1 \leq S < 2{,}2$
				$0 \leq L^* < 3$	$1{,}5 \leq S <$ COpt
	verdâtre	7 à 13	$60 \leq h_{uv} < 198$	$15 \leq L^* < 20$	$1 \leq S < 1{,}5$
				$3 \leq L^* < 15$	$1 \leq S < 2{,}2$
				$0 \leq L^* < 3$	$1{,}5 \leq S <$ COpt
	brun	14 à 22	$15 \leq h_{uv} < 60$	$15 \leq L^* < 20$	$1 \leq S < 1{,}5$
				$3 \leq L^* < 15$	$1 \leq S < 2{,}2$
				$0 \leq L^* < 3$	$1{,}5 \leq S <$ COpt
	violacé	1 à 3 et 23 à 30	$h_{uv} < 15$ ou $h_{uv} \geq 264$	$15 \leq L^* < 20$	$1 \leq S < 1{,}5$
				$3 \leq L^* < 15$	$1 \leq S < 2{,}2$
				$0 \leq L^* < 3$	$1{,}5 \leq S <$ COpt
NOIR – GRIS		1 à 30	neutre toutes valeurs	$20 \leq L^* < 27$	$0 \leq S < 1$
NOIR – GRIS	bleuté	4 à 6	$198 \leq h_{uv} < 264$	$20 \leq L^* < 27$	$1 \leq S < 1{,}5$
	verdâtre	7 à 13	$60 \leq h_{uv} < 198$	$20 \leq L^* < 27$	$1 \leq S < 1{,}5$
	brun	14 à 22	$15 \leq h_{uv} < 60$	$20 \leq L^* < 27$	$1 \leq S < 1{,}5$
	violacé	1 à 3 et 23 à 30	$h_{uv} < 15$ ou $h_{uv} \geq 264$	$20 \leq L^* < 27$	$1 \leq S < 1{,}5$

Chapitre 4 : REPRÉSENTATION DES DOMAINES CHROMATIQUES

NOTE EXPLICATIVE SUR LES DIAGRAMMES ILLUSTRATIFS

Dans les pages qui suivent sont placées deux sortes de diagrammes illustratifs des domaines chromatiques :

1 – Un ensemble de coupes de l'espace chromatique faites perpendiculairement à l'axe neutre, originales car absentes du document de 1977, pour les valeurs de clarté suivantes :

$L^* = 90$, $L^* = 75$, $L^* = 60$, $L^* = 45$, $L^* = 30$.

Dans ces digrammes les coordonnées u^* et v^* sont indiquées en rouge. Les lignes d'égale valeur de l'indice S qui limitent les domaines chromatiques sont tracées avec l'indication de la valeur de cet indice.
Dans ces diagrammes, pour éviter une confusion visuelle résultant d'un très grand nombre de domaines chromatiques, souvent exigus, et pour faire apparaître la disposition des couleurs ivoire, crème, beige, rose pour les clartés supérieures à 50, et des couleurs kaki, brun, marron, bordeaux pour les clartés inférieures à 50, les champs chromatiques du secteur jaune-vert aux secteurs du pourpre n'ont pas tous été représentés. La consultation des diagrammes clarté-saturation ou des tables du chapitre 3 est alors recommandée.
Au contraire, dans le secteur complémentaire, tous les domaines chromatiques sont marqués, sauf ceux des couleurs neutres et presque neutres, notées simplement NEUTRES.
Dans quelques cas le manque de place a conduit à identifier les domaines par une lettre qui fait référence à une légende. Les numéros de 1 à 30, écrits en noir en périphérie, sont ceux des 30 secteurs chromatiques présentés dans la table 2.

On voit également en totalité, ou de manière fragmentaire quand la clarté est inférieure à 70, la limite des couleurs optimales, tracée en trait épais noir.

2 – Un ensemble de diagrammes clarté – saturation qui détaillent les domaines chromatiques de chacun des 30 secteurs de teinte. Chaque diagramme est identifié par son numéro de 1 à 30, identique au numéro figurant dans la table 2, avec l'indication de l'angle de teinte h_{uv} de ce secteur.

Dans ces diagrammes les coordonnées sont, en abscisses la saturation CIELUV s_{uv}, marquée en rouge, et en ordonnées la clarté CIE L^* marquée en noir. Du fait que le diagramme correspond à une valeur particulière de l'angle de teinte, la valeur de σ est déterminée, elle est notée sur le diagramme avec la valeur de son inverse. La valeur de l'indice S, également déterminée, est reportée de 1 à 7 sur des graduations en noir. La graduation en saturation CIELUV s_{uv} permet de s'affranchir du calcul de l'indice S pour la valeur précise de l'angle de teinte de chaque diagramme.

Mais, dans un certain intervalle d'angles de teinte, noté dans la table 2 et reporté sur chaque diagramme, les limites des domaines chromatiques d'un secteur restent inchangées en se reportant seulement à l'indice S et à la clarté L^*. Dans cet intervalle ce qui change, et cela de manière appréciable, c'est la proportionnalité entre la saturation CIELUV et l'indice S. Il est alors possible de se reporter à la table 21. Elle donne, pour les valeurs entières de l'angle de teinte, les valeurs de $1/\sigma$ d'où l'on tire par simple multiplication (relation 13b) la nouvelle valeur de l'indice S. On peut ainsi se dispenser dans un premier temps d'utiliser la relation (14).

Dans ces diagrammes tous les domaines chromatiques, y compris ceux des neutres et des couleurs presque neutres, sont représentés et leur dénomination complète écrite, à l'exception des qualificatifs des gris presque neutres, qualificatifs qui sont identiques à ceux des gris neutres situés à proximité immédiate, plus à gauche.

Bien entendu l'aspect de chaque diagramme clarté-saturation ressemble aux diagrammes publiés par l'ISCC dès1955 et possède son équivalent dans la norme X 08-010. Mais l'un n'est pas la copie de l'autre puisque les coordonnées sont différentes et qu'il existe de nombreuses différences de dénomination et de tracés qui sont mentionnées aux paragraphes 2.5.3 à 2.5.5. La ressemblance apparente est de même nature que celle de cartes géographiques dont la réalisation varie selon les techniques et les objectifs, mais où les côtes maritimes, les frontières et les cours d'eau sont immuables.

Coupe de l'espace chromatique pour $L^* = 90$

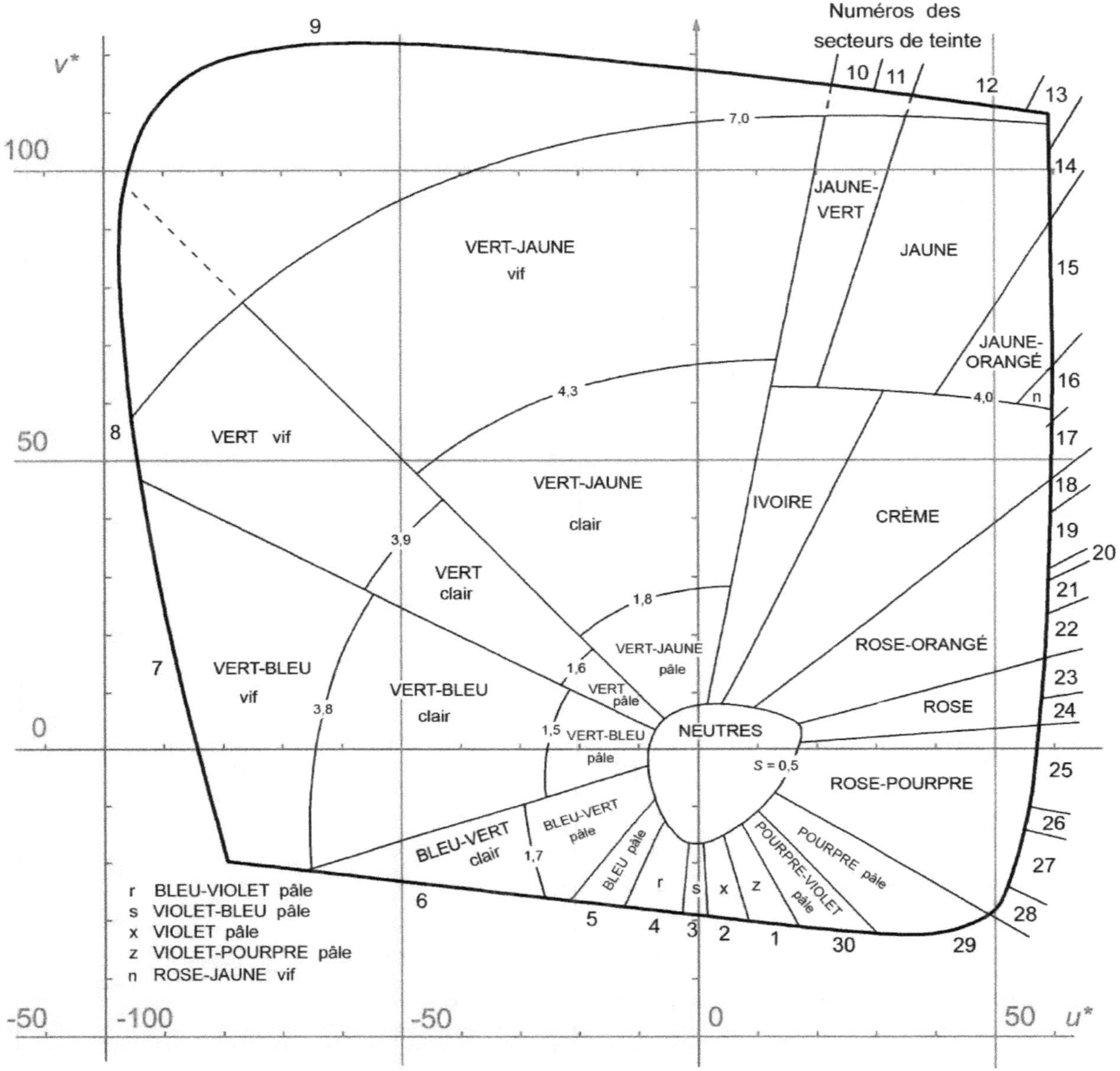

r BLEU-VIOLET pâle
s VIOLET-BLEU pâle
x VIOLET pâle
z VIOLET-POURPRE pâle
n ROSE-JAUNE vif

Coupe de l'espace chromatique pour $L^* = 75$

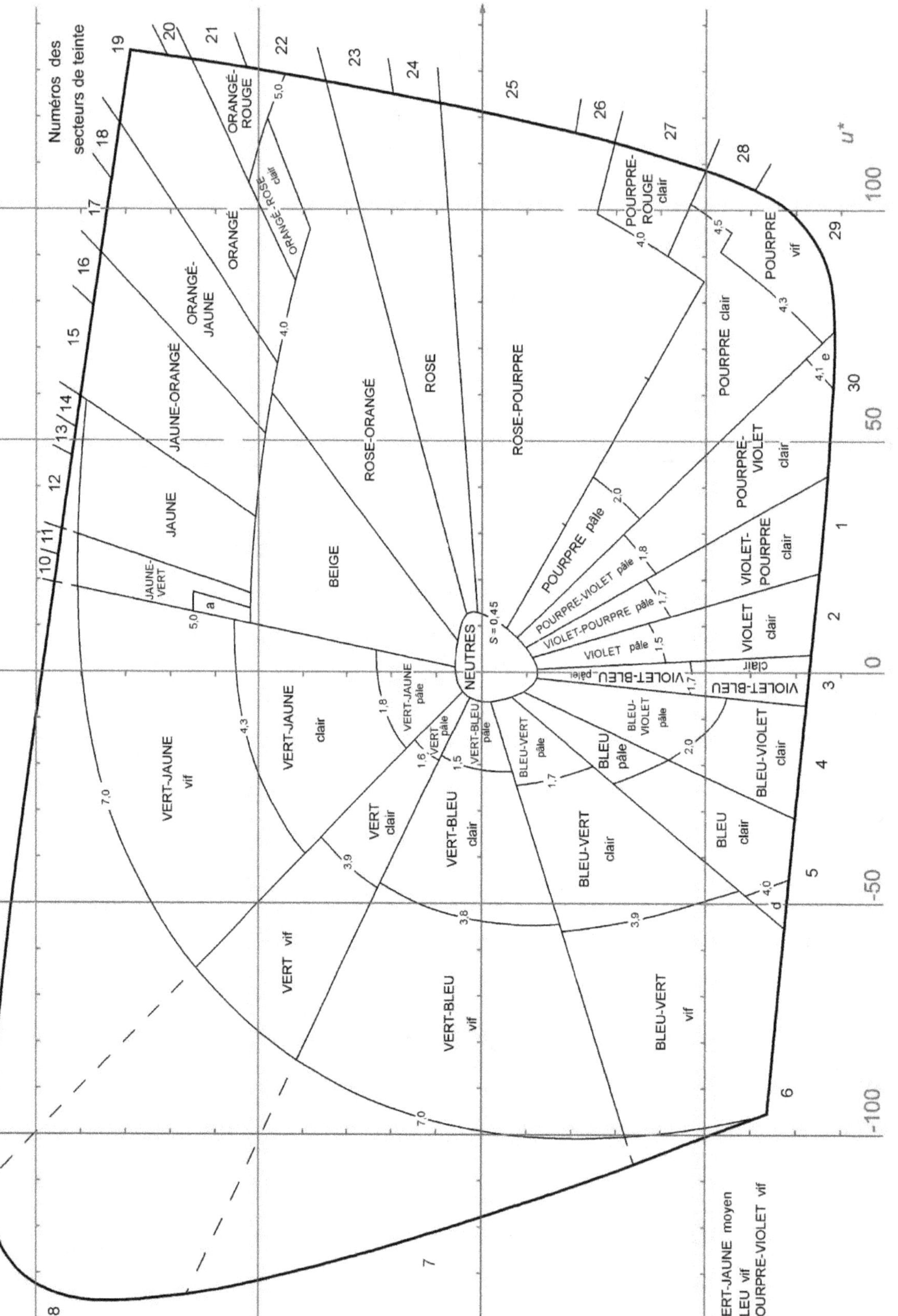

Numéros des secteurs de teinte
u*
v*
NEUTRES
S = 0,45
JAUNE-VERT
JAUNE
JAUNE-ORANGÉ
ORANGÉ-JAUNE
ORANGÉ
ORANGÉ-ROUGE
ORANGÉ-ROSE clair
BEIGE
ROSE-ORANGÉ
ROSE
ROSE-POURPRE
POURPRE-ROUGE clair
POURPRE clair
POURPRE vif
POURPRE pâle
POURPRE-VIOLET clair
POURPRE-VIOLET pâle
VIOLET-POURPRE clair
VIOLET-POURPRE pâle
VIOLET clair
VIOLET pâle
VIOLET-BLEU clair
VIOLET-BLEU pâle
BLEU-VIOLET clair
BLEU-VIOLET pâle
BLEU pâle
BLEU clair
BLEU-VERT pâle
BLEU-VERT clair
BLEU-VERT vif
VERT-BLEU pâle
VERT-BLEU clair
VERT-BLEU vif
VERT pâle
VERT clair
VERT vif
VERT-JAUNE pâle
VERT-JAUNE clair
VERT-JAUNE vif
a VERT-JAUNE moyen
d BLEU vif
e POURPRE-VIOLET vif

Coupe de l'espace chromatique pour $L^* = 60$

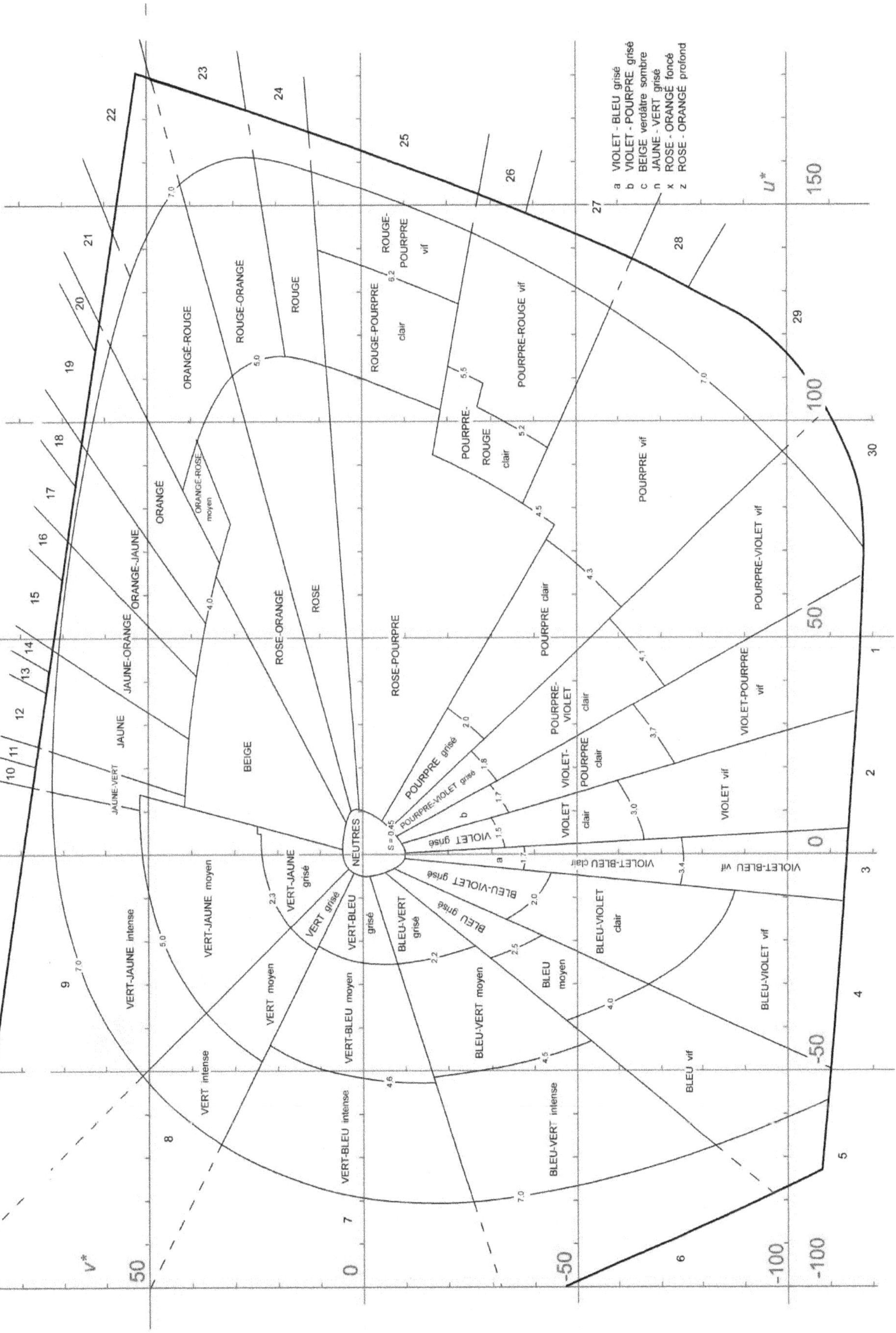
NEUTRES
S = 0,45
JAUNE-VERT
JAUNE
JAUNE-ORANGE
ORANGÉ-JAUNE
ORANGÉ
ORANGÉ-ROSE moyen
ORANGÉ-ROUGE
ROUGE-ORANGÉ
ROUGE
ROUGE-POURPRE clair
ROUGE-POURPRE vif
POURPRE-ROUGE vif
POURPRE-ROUGE clair
POURPRE vif
POURPRE clair
POURPRE-VIOLET vif
POURPRE-VIOLET clair
VIOLET-POURPRE vif
VIOLET-POURPRE clair
VIOLET vif
VIOLET clair
VIOLET grisé
POURPRE grisé
POURPRE-VIOLET grisé
VIOLET-BLEU clair
VIOLET-BLEU vif
BLEU-VIOLET grisé
BLEU-VIOLET clair
BLEU-VIOLET vif
BLEU grisé
BLEU moyen
BLEU vif
BLEU-VERT grisé
BLEU-VERT moyen
BLEU-VERT intense
VERT-BLEU grisé
VERT-BLEU moyen
VERT-BLEU intense
VERT grisé
VERT moyen
VERT intense
VERT-JAUNE grisé
VERT-JAUNE moyen
VERT-JAUNE intense
BEIGE
ROSE-ORANGÉ
ROSE
ROSE-POURPRE
a
b
u*
v*
150
100
50
0
-50
-100
a VIOLET - BLEU grisé
b VIOLET - POURPRE grisé
c BEIGE verdâtre sombre
n JAUNE - VERT grisé
x ROSE - ORANGÉ foncé
z ROSE - ORANGÉ profond

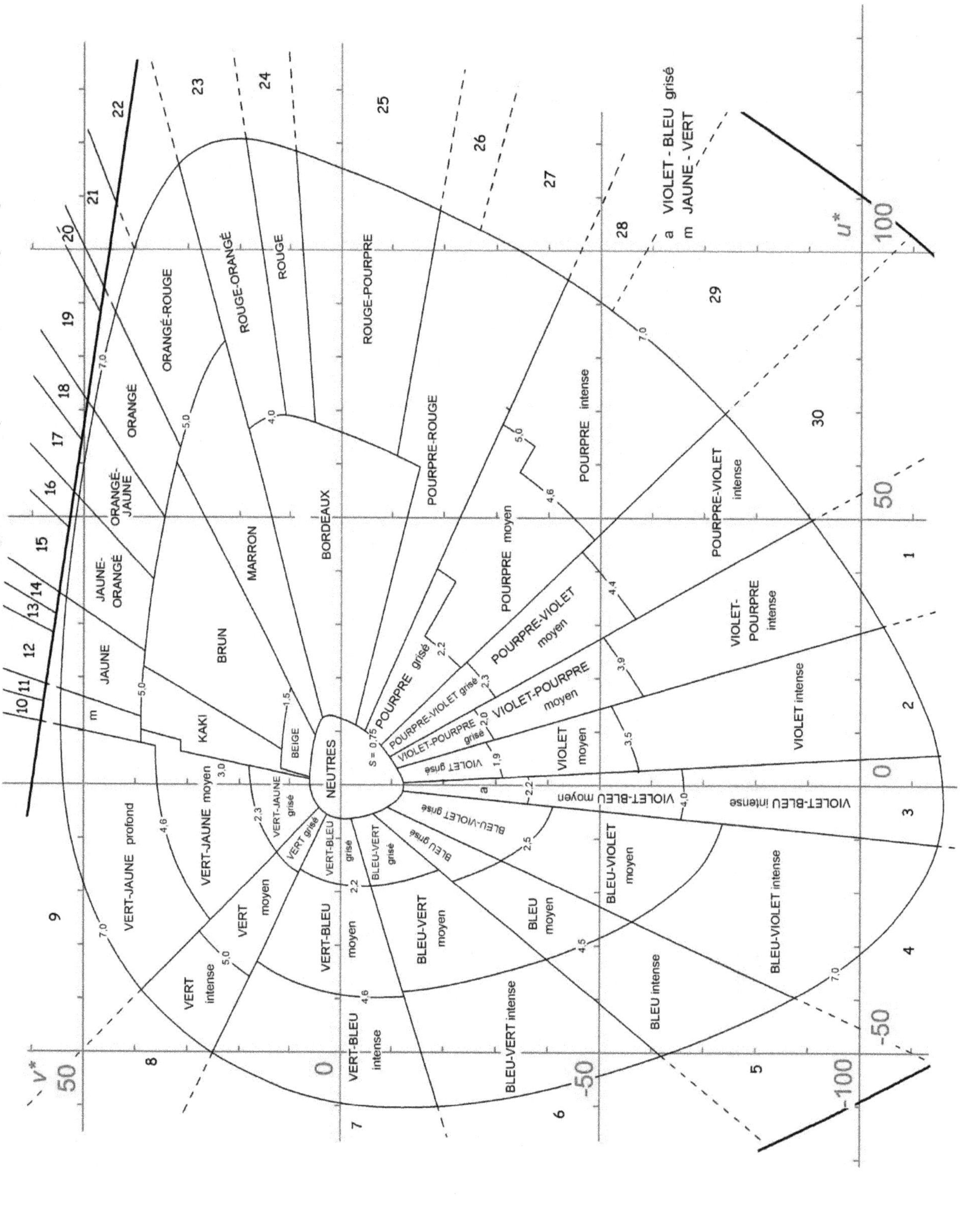
v*
u*
50
0
-50
-100
100
NEUTRES
S = 0,75
a
m
BEIGE
KAKI
BRUN
MARRON
BORDEAUX
JAUNE
JAUNE-ORANGÉ
ORANGÉ-JAUNE
ORANGÉ
ORANGÉ-ROUGE
ROUGE-ORANGÉ
ROUGE
ROUGE-POURPRE
POURPRE-ROUGE
POURPRE grisé
POURPRE moyen
POURPRE intense
POURPRE-VIOLET grisé
POURPRE-VIOLET moyen
POURPRE-VIOLET intense
VIOLET-POURPRE grisé
VIOLET-POURPRE moyen
VIOLET-POURPRE intense
VIOLET grisé
VIOLET moyen
VIOLET intense
VIOLET-BLEU grisé
VIOLET-BLEU moyen
VIOLET-BLEU intense
BLEU-VIOLET moyen
BLEU-VIOLET intense
BLEU grisé
BLEU moyen
BLEU intense
BLEU-VERT grisé
BLEU-VERT moyen
BLEU-VERT intense
VERT-BLEU grisé
VERT-BLEU moyen
VERT-BLEU intense
VERT grisé
VERT moyen
VERT intense
VERT-JAUNE grisé
VERT-JAUNE moyen
VERT-JAUNE profond
a VIOLET - BLEU grisé
m JAUNE - VERT

Coupe de l'espace chromatique pour $L^* = 45$

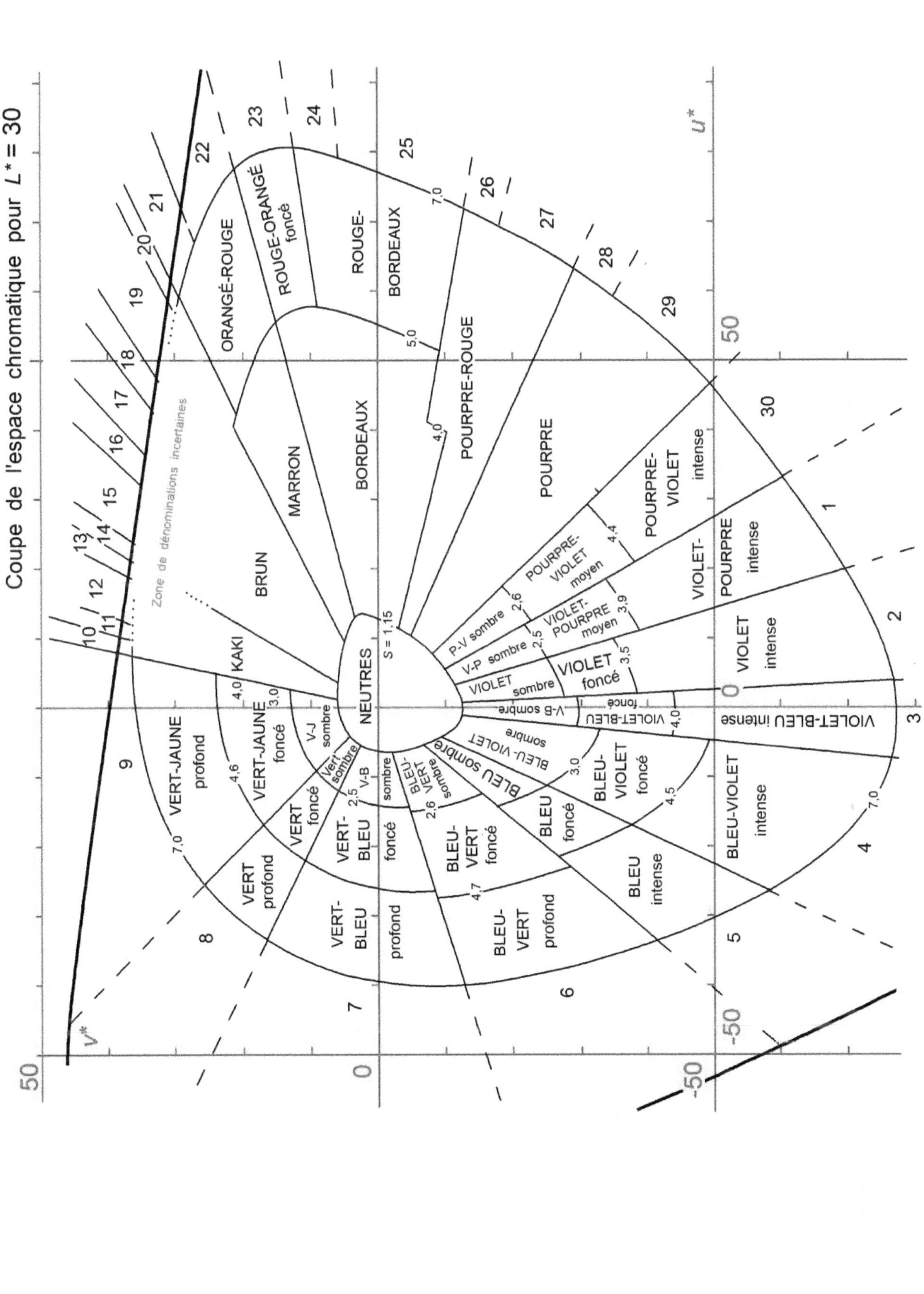
Coupe de l'espace chromatique pour L* = 30
u*
v*
50
0
-50
Zone de dénominations incertaines
NEUTRES
S = 1,15
KAKI
BRUN
MARRON
BORDEAUX
ORANGÉ-ROUGE
ROUGE-ORANGÉ foncé
ROUGE-BORDEAUX
POURPRE-ROUGE
POURPRE
POURPRE-VIOLET intense
POURPRE-VIOLET moyen
P-V sombre
VIOLET-POURPRE moyen
V-P sombre
VIOLET-POURPRE intense
VIOLET sombre
VIOLET foncé
VIOLET intense
V-B sombre
VIOLET-BLEU foncé
VIOLET-BLEU intense
BLEU-VIOLET sombre
BLEU-VIOLET foncé
BLEU-VIOLET intense
BLEU sombre
BLEU foncé
BLEU intense
BLEU-VERT sombre
BLEU-VERT foncé
BLEU-VERT profond
V-B sombre
VERT-BLEU foncé
VERT-BLEU profond
Vert sombre
VERT foncé
VERT profond
V-J sombre
VERT-JAUNE foncé
VERT-JAUNE profond
1
2
3
4
5
6
7
8
9
10
11
12
13
14
15
16
17
18
19
20
21
22
23
24
25
26
27
28
29
30

Diagramme clarté - saturation : n° 1 h_{uv} = 290° 286° ≤ h_{uv} < 299°

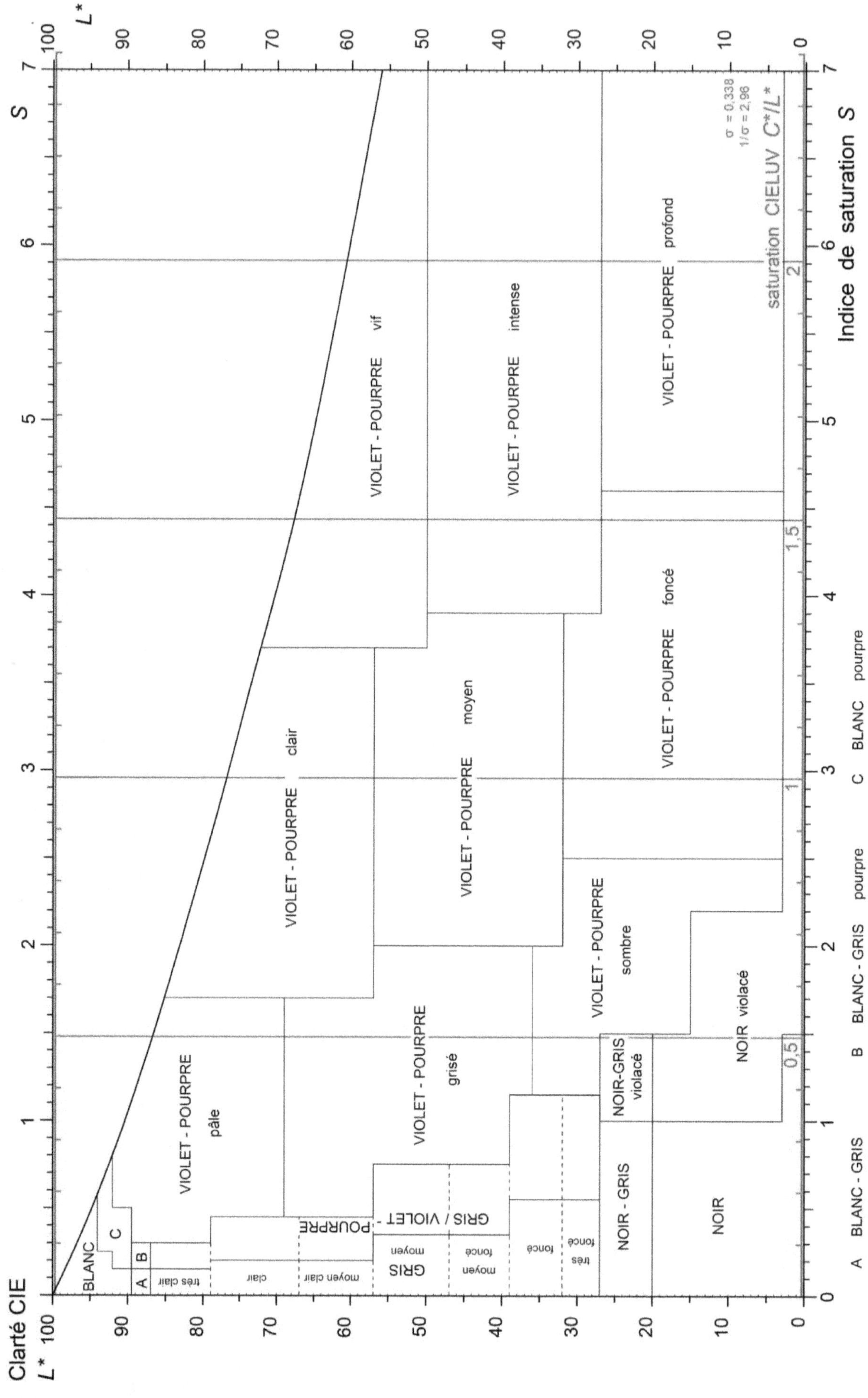

Diagramme clarté - saturation : n° 2 $h_{uv} = 280°$ $273° \leq h_{uv} < 286°$

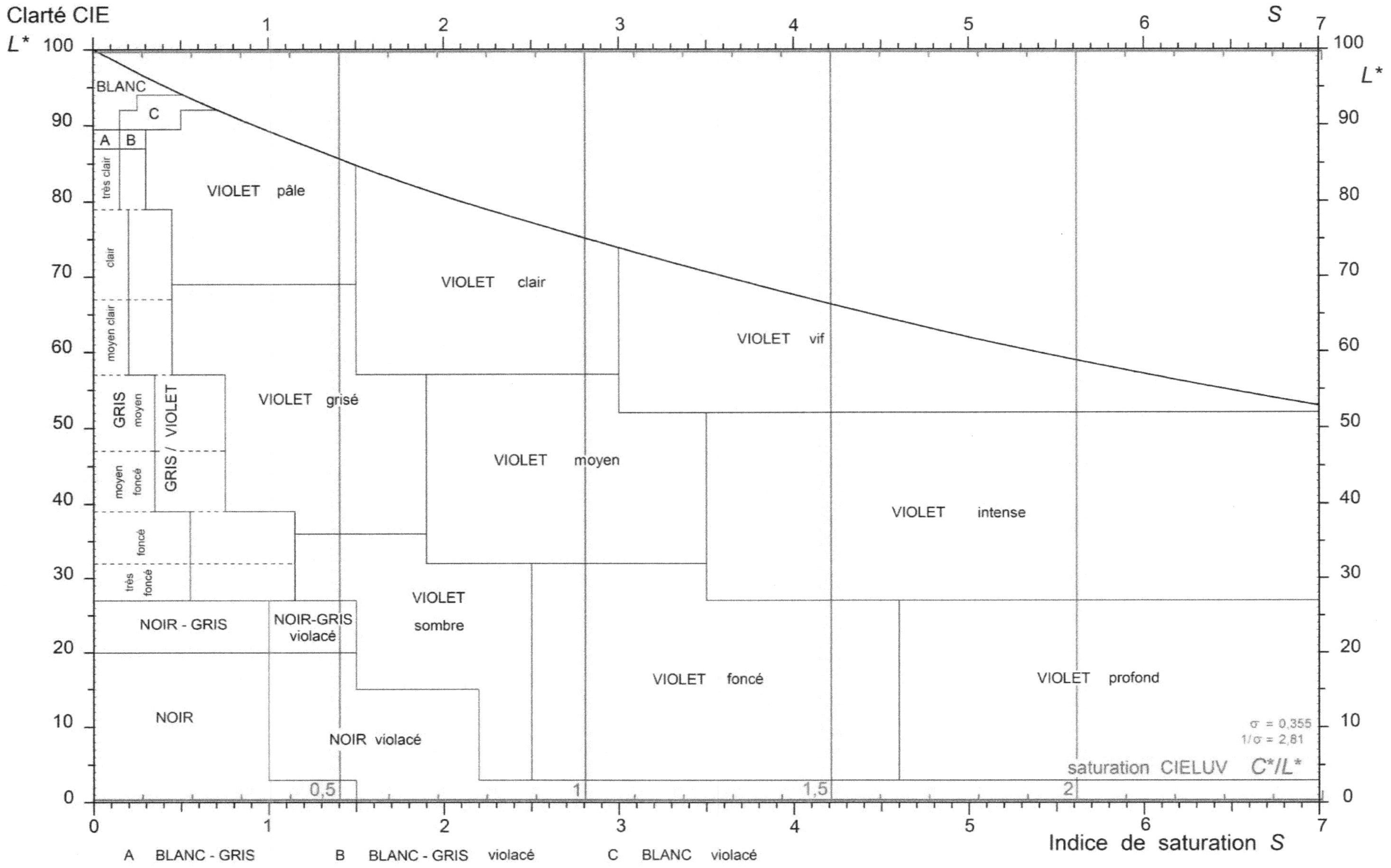

Diagramme clarté - saturation : n° 3 $h_{uv} = 270°$

$264° \leq h_{uv} < 273°$

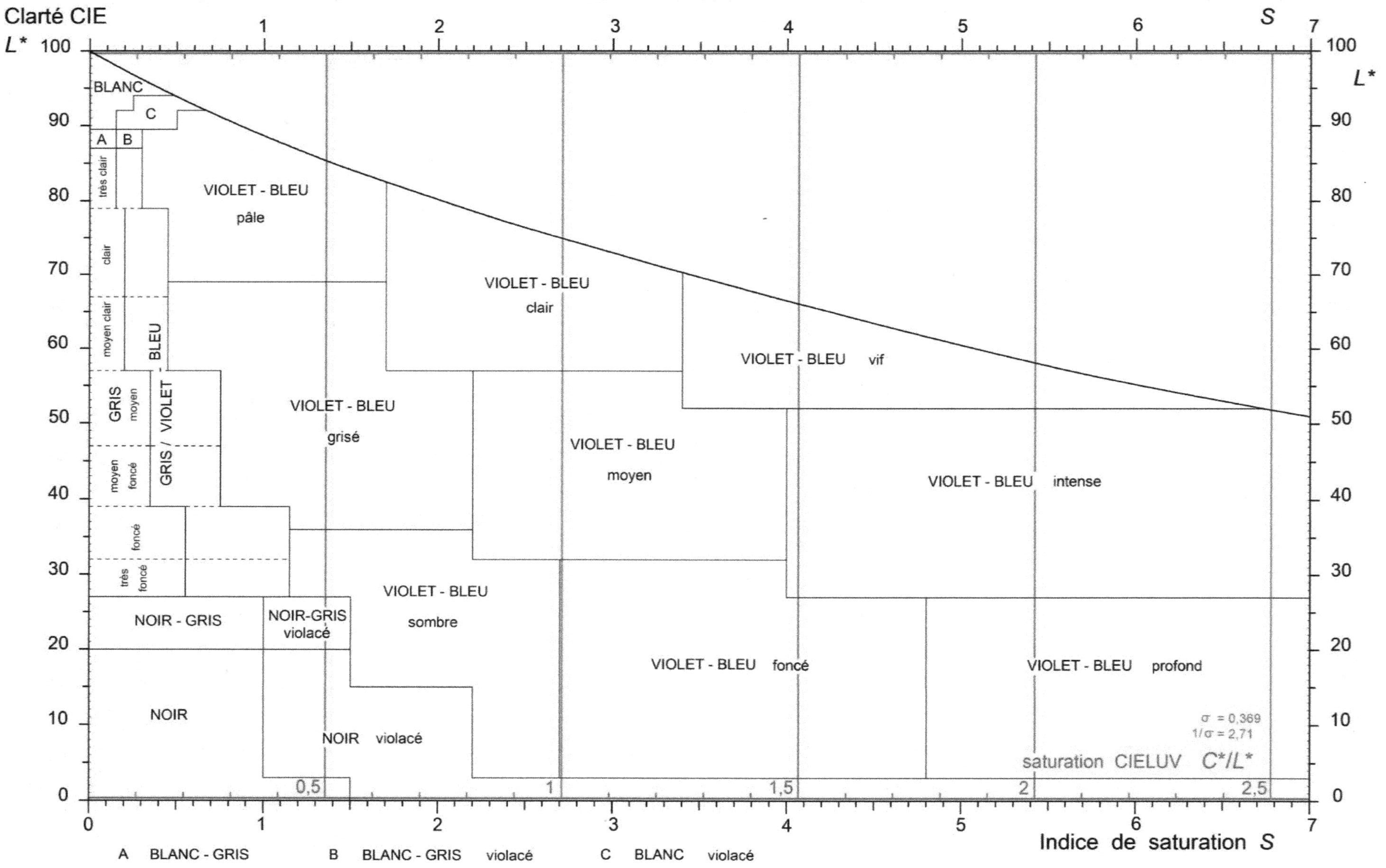

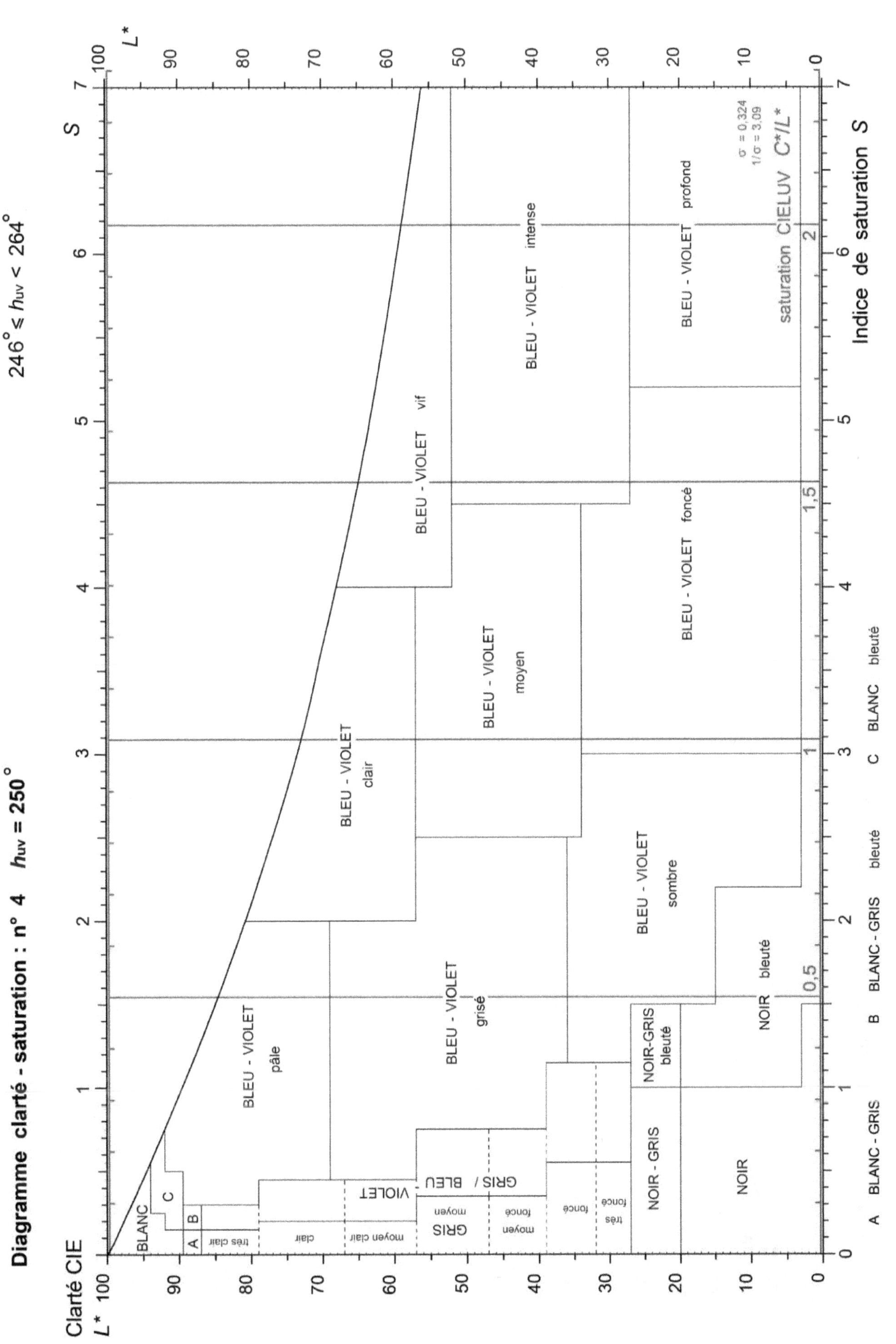
Diagramme clarté - saturation : n° 4 h_{uv} = 250°
246° ≤ h_{uv} < 264°
Clarté CIE L^*
Indice de saturation S
saturation CIELUV C^*/L^*
σ = 0,324
1/σ = 3,09
BLANC
A
B
C
très clair
clair
moyen clair
VIOLET
GRIS / BLEU
GRIS
moyen
moyen foncé
foncé
très foncé
BLEU - VIOLET pâle
BLEU - VIOLET grisé
BLEU - VIOLET clair
BLEU - VIOLET moyen
BLEU - VIOLET vif
BLEU - VIOLET intense
BLEU - VIOLET sombre
BLEU - VIOLET foncé
BLEU - VIOLET profond
NOIR-GRIS bleuté
NOIR - GRIS
NOIR bleuté
NOIR
A BLANC - GRIS
B BLANC - GRIS bleuté
C BLANC bleuté

Diagramme clarté - saturation : n° 5 h_{uv} = 236° 231° ≤ h_{uv} < 246°

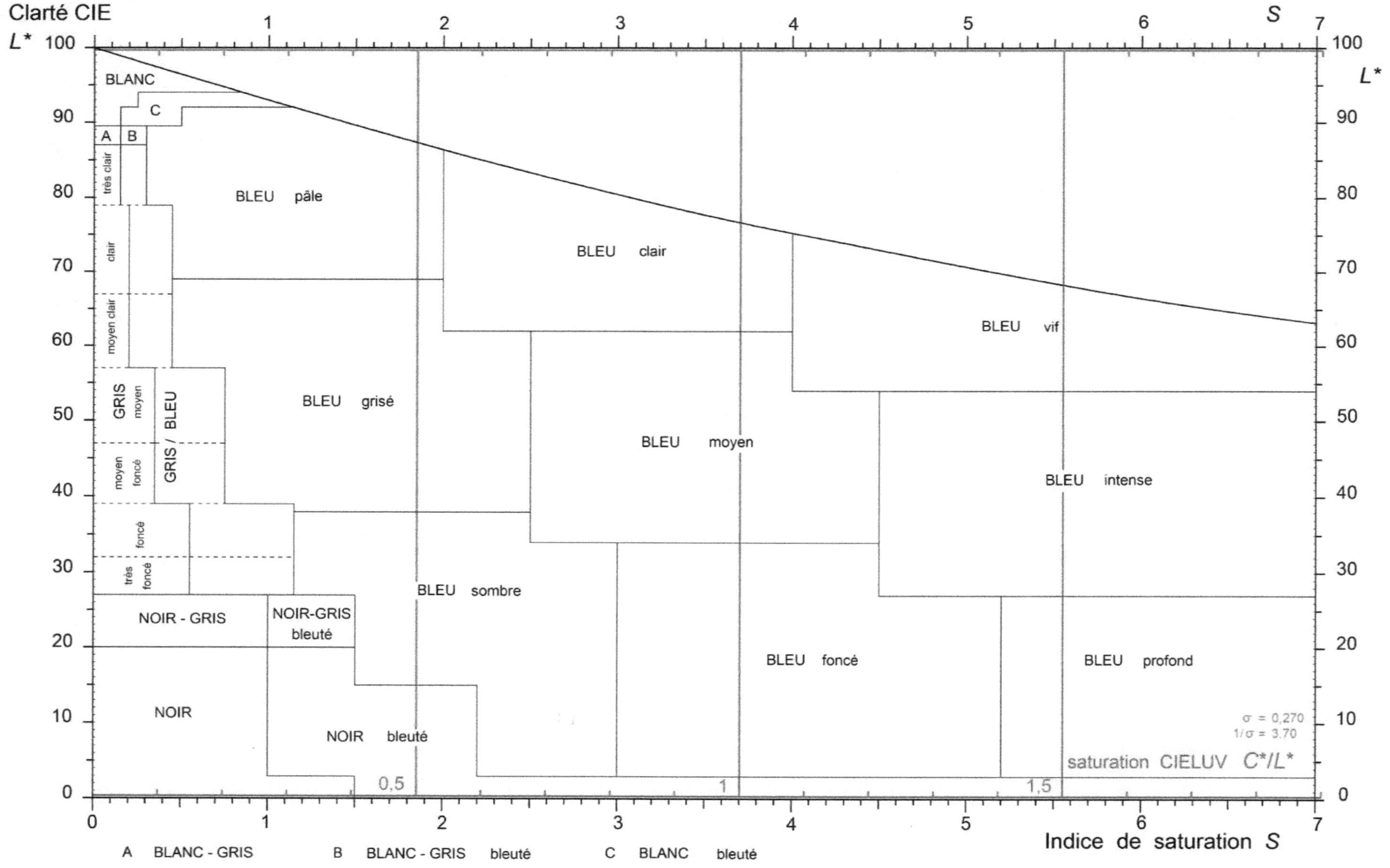

Diagramme clarté - saturation : n° 6 h_{uv} = 210°

198° ≤ h_{uv} < 231°

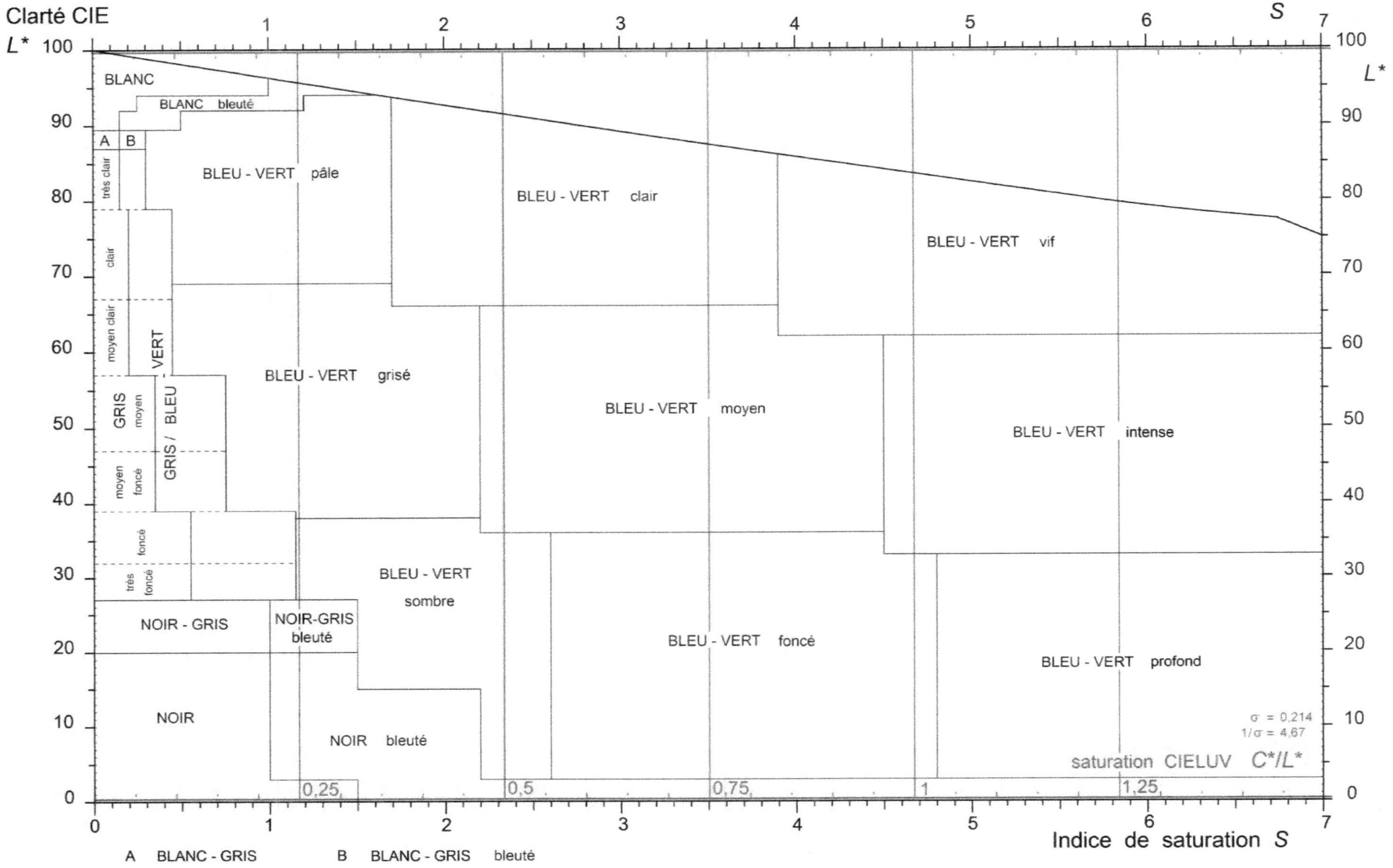

Diagramme clarté - saturation : n° 7 h_{uv} = 170°

154° ≤ h_{uv} < 198°

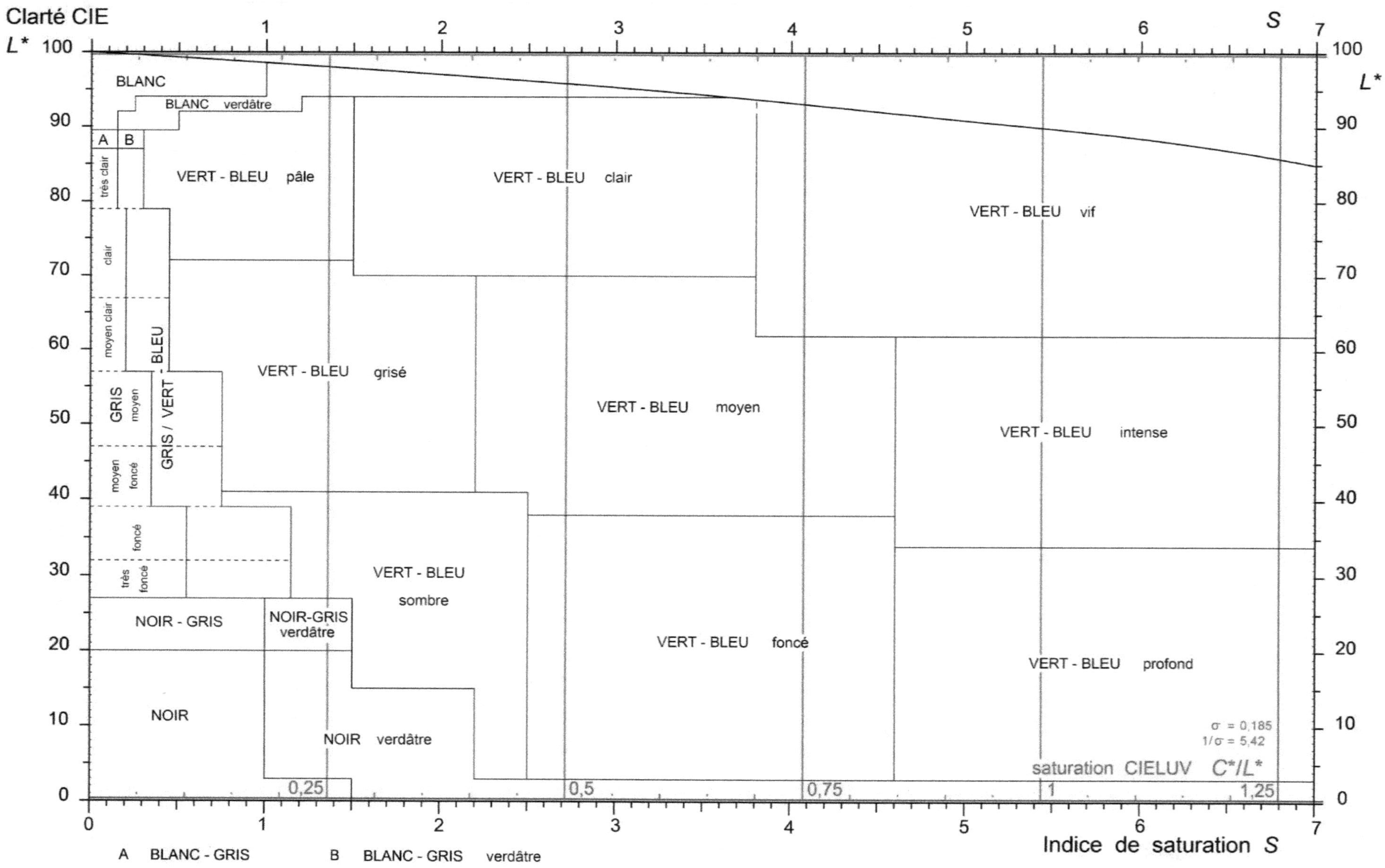

Diagramme clarté - saturation : n° 8 $h_{uv} = 140°$

$135° \leq h_{uv} < 154°$

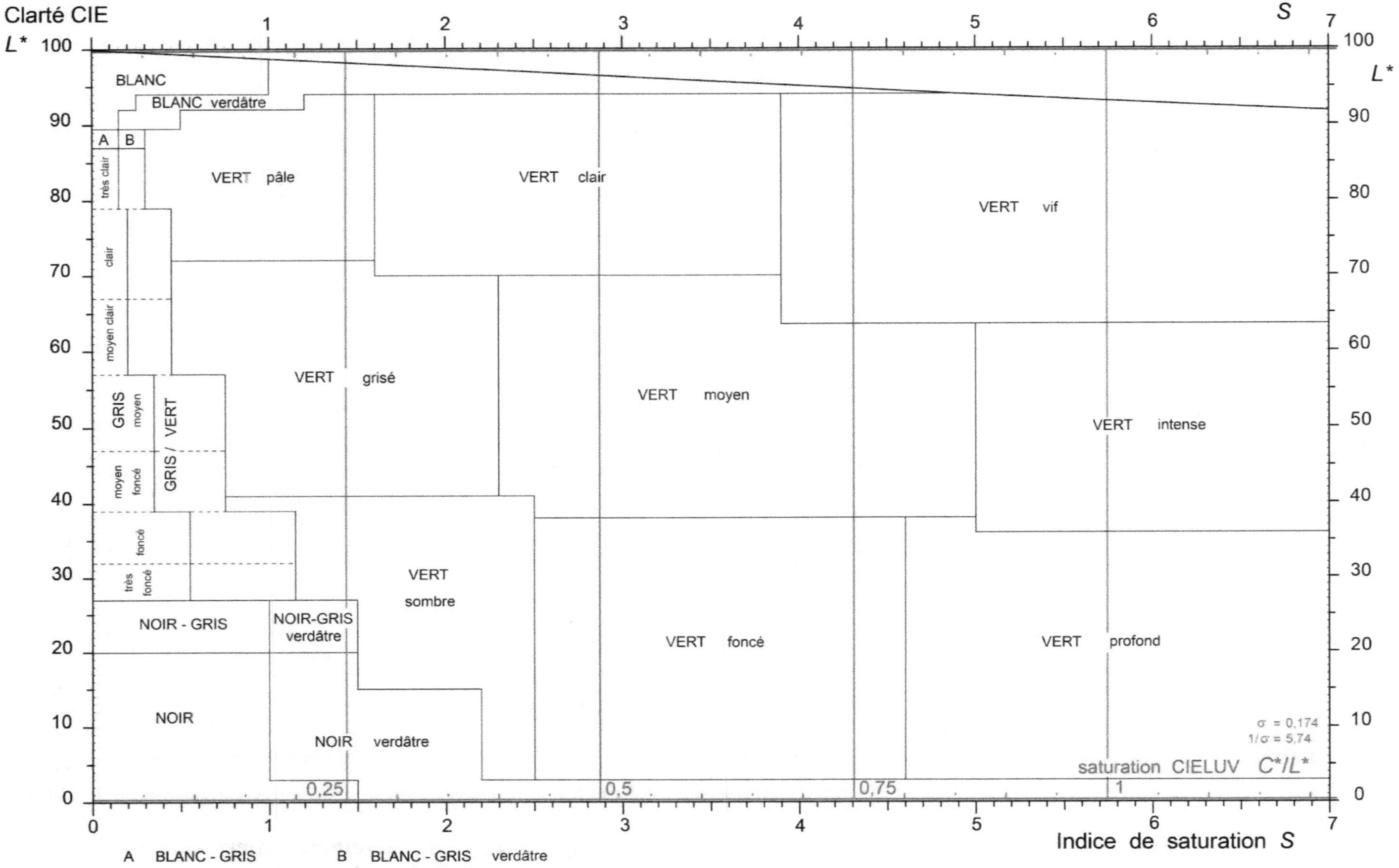

Diagramme clarté - saturation : n° 9 h_{uv} = 100°

79° ≤ h_{uv} < 135°

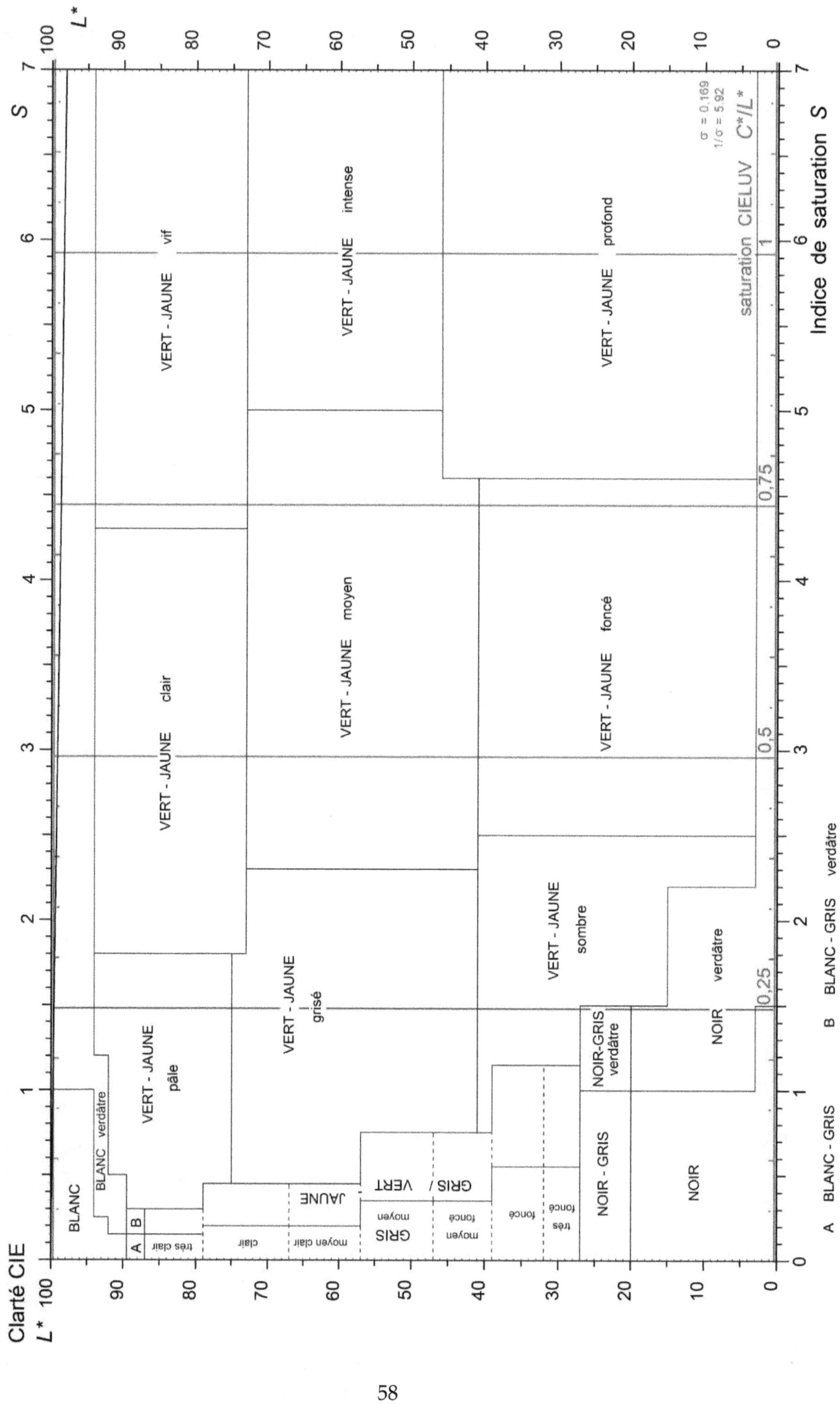

Diagramme clarté - saturation : n° 10 $h_{uv} = 76°$

$75° \leqslant h_{uv} < 79°$

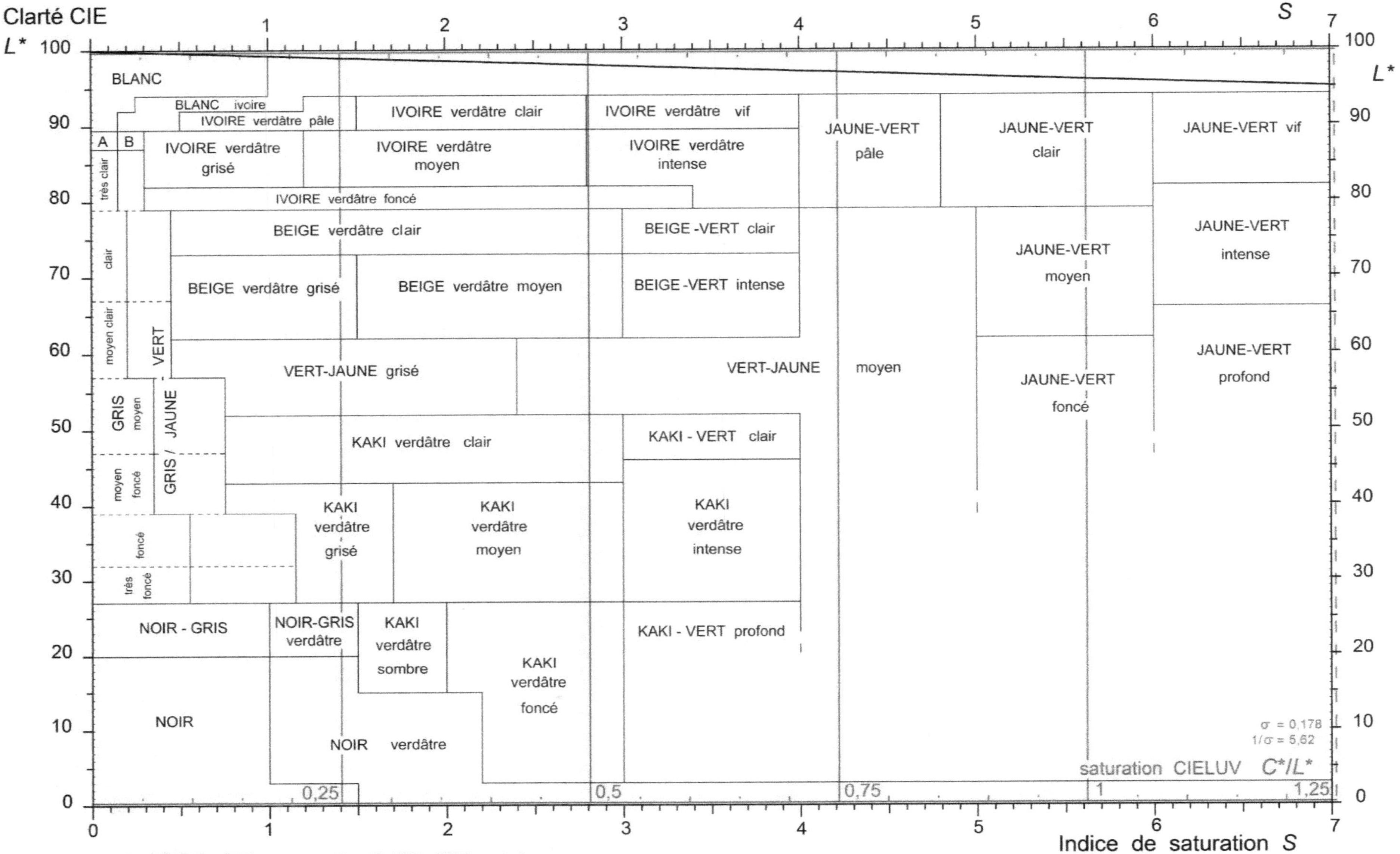
Clarté CIE
L* 100
S
Indice de saturation S
BLANC
BLANC ivoire
IVOIRE verdâtre pâle
IVOIRE verdâtre clair
IVOIRE verdâtre vif
A
B
très clair
IVOIRE verdâtre grisé
IVOIRE verdâtre moyen
IVOIRE verdâtre intense
IVOIRE verdâtre foncé
JAUNE-VERT pâle
JAUNE-VERT clair
JAUNE-VERT vif
clair
BEIGE verdâtre clair
BEIGE -VERT clair
BEIGE verdâtre grisé
BEIGE verdâtre moyen
BEIGE -VERT intense
JAUNE-VERT moyen
JAUNE-VERT intense
moyen clair
VERT
VERT-JAUNE grisé
VERT-JAUNE
moyen
JAUNE-VERT foncé
JAUNE-VERT profond
GRIS moyen
GRIS / JAUNE
KAKI verdâtre clair
KAKI - VERT clair
moyen foncé
foncé
très foncé
KAKI verdâtre grisé
KAKI verdâtre moyen
KAKI verdâtre intense
NOIR - GRIS
NOIR-GRIS verdâtre
KAKI verdâtre sombre
KAKI - VERT profond
KAKI verdâtre foncé
NOIR
NOIR verdâtre
σ = 0,178
1/σ = 5,62
saturation CIELUV C*/L*
0,25
0,5
0,75
1
1,25

A BLANC - GRIS B BLANC - GRIS ivoire

Diagramme clarté - saturation : n° 11 h_{uv} = 74° $72° \leqslant h_{uv} < 75°$

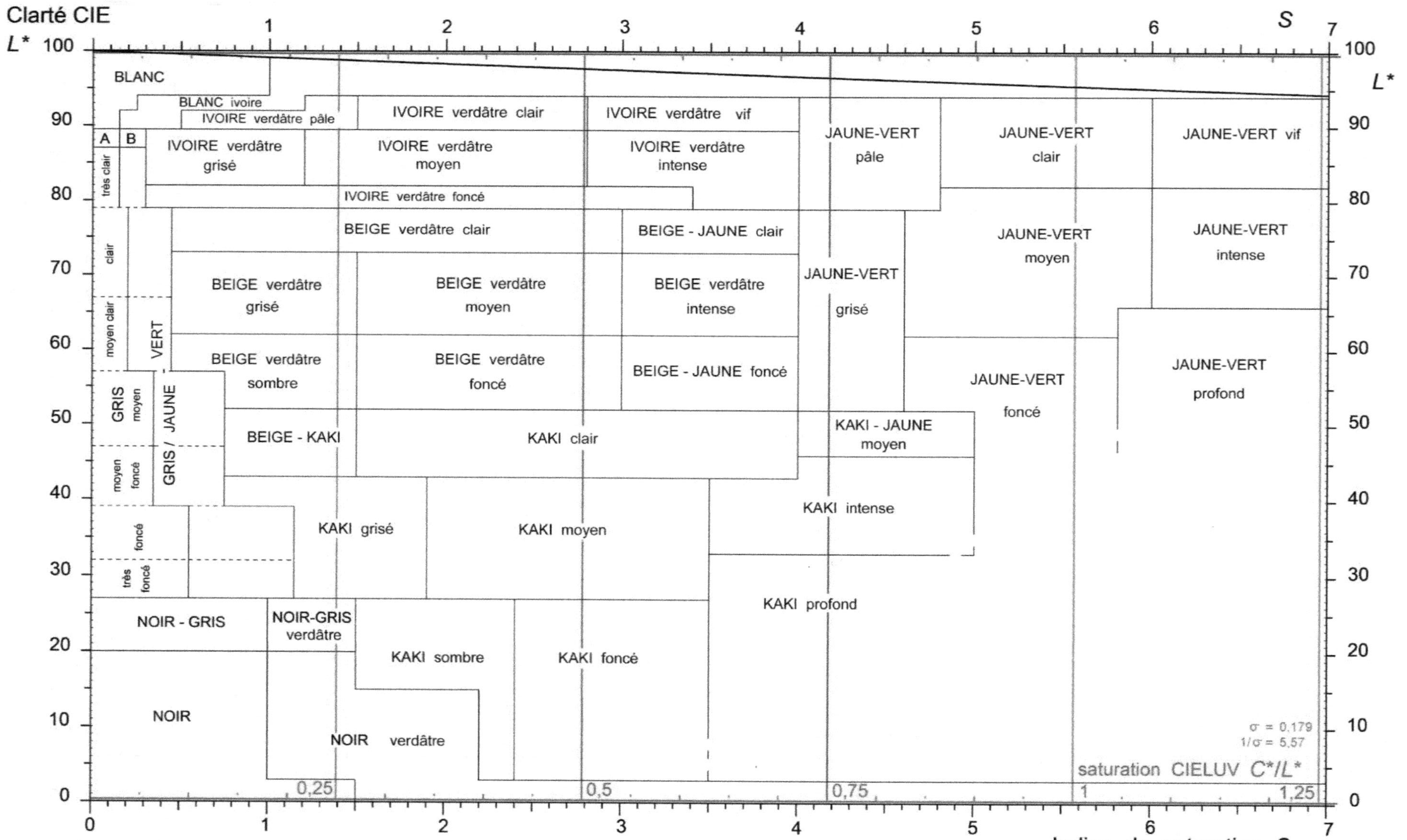
Clarté CIE
L* 100
S
Indice de saturation S
BLANC
BLANC ivoire
IVOIRE verdâtre pâle
IVOIRE verdâtre clair
IVOIRE verdâtre vif
IVOIRE verdâtre grisé
IVOIRE verdâtre moyen
IVOIRE verdâtre intense
IVOIRE verdâtre foncé
JAUNE-VERT pâle
JAUNE-VERT clair
JAUNE-VERT vif
JAUNE-VERT moyen
JAUNE-VERT intense
JAUNE-VERT grisé
JAUNE-VERT foncé
JAUNE-VERT profond
très clair
clair
moyen clair
VERT
GRIS moyen
GRIS / JAUNE
moyen foncé
foncé
très foncé
BEIGE verdâtre clair
BEIGE - JAUNE clair
BEIGE verdâtre grisé
BEIGE verdâtre moyen
BEIGE verdâtre intense
BEIGE verdâtre sombre
BEIGE verdâtre foncé
BEIGE - JAUNE foncé
BEIGE - KAKI
KAKI clair
KAKI - JAUNE moyen
KAKI grisé
KAKI moyen
KAKI intense
KAKI profond
NOIR - GRIS
NOIR-GRIS verdâtre
KAKI sombre
KAKI foncé
NOIR
NOIR verdâtre
σ = 0,179
1/σ = 5,57
saturation CIELUV C*/L*
0,25
0,5
0,75
1
1,25

A BLANC - GRIS B BLANC - GRIS ivoire

Diagramme clarté - saturation : n° 12 h_{uv} = 68° 63° ≤ h_{uv} < 72°

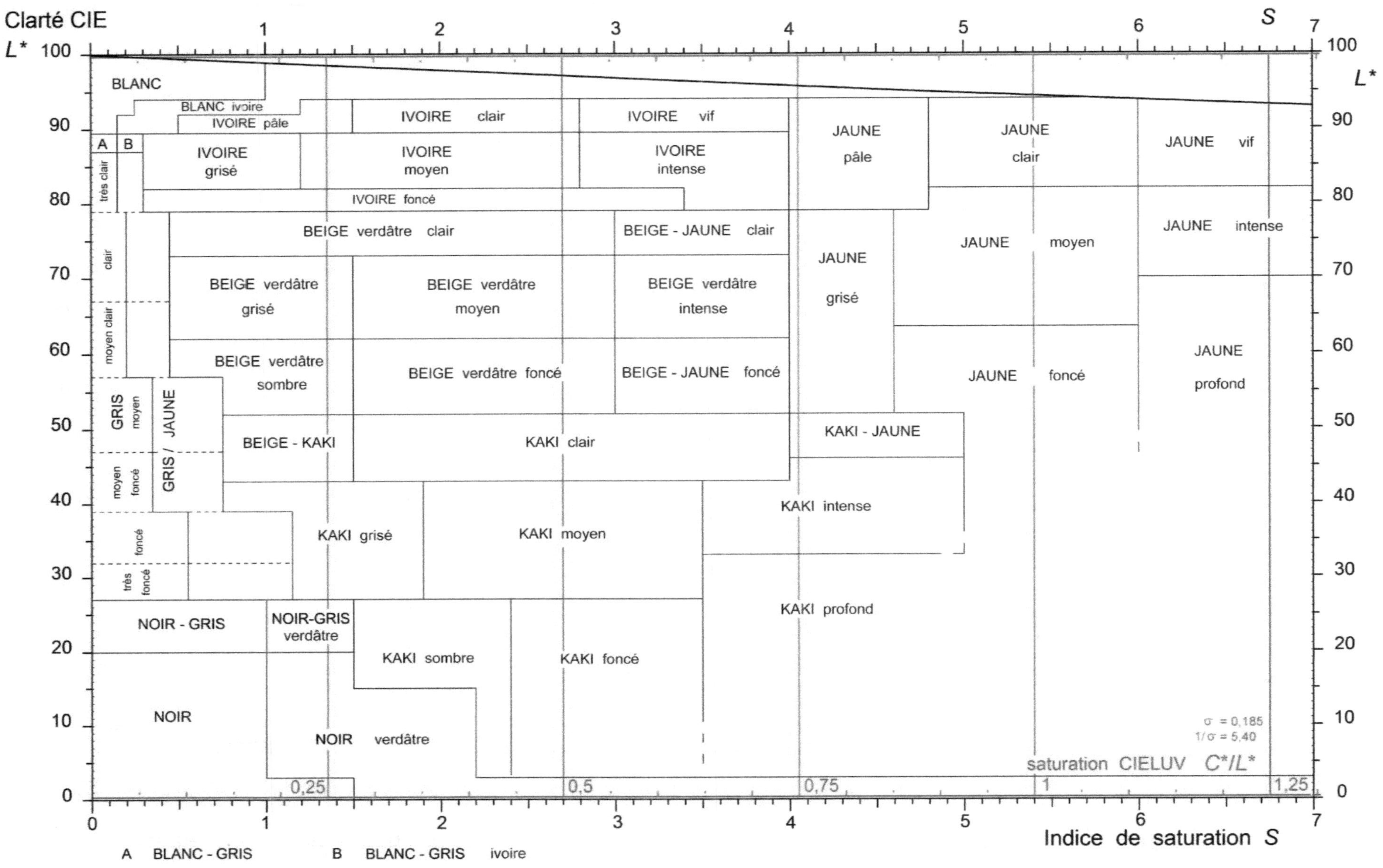
Clarté CIE
L*
S
Indice de saturation S
BLANC
BLANC ivoire
IVOIRE pâle
IVOIRE clair
IVOIRE vif
A
B
très clair
IVOIRE grisé
IVOIRE moyen
IVOIRE intense
IVOIRE foncé
JAUNE pâle
JAUNE clair
JAUNE vif
JAUNE intense
clair
BEIGE verdâtre clair
BEIGE - JAUNE clair
JAUNE moyen
JAUNE grisé
BEIGE verdâtre grisé
BEIGE verdâtre moyen
BEIGE verdâtre intense
moyen clair
BEIGE verdâtre sombre
BEIGE verdâtre foncé
BEIGE - JAUNE foncé
JAUNE foncé
JAUNE profond
GRIS moyen
GRIS / JAUNE
BEIGE - KAKI
KAKI clair
KAKI - JAUNE
moyen foncé
KAKI grisé
KAKI moyen
KAKI intense
foncé
très foncé
KAKI profond
NOIR - GRIS
NOIR-GRIS verdâtre
KAKI sombre
KAKI foncé
NOIR
NOIR verdâtre
σ = 0,185
1/σ = 5,40
saturation CIELUV C*/L*
0,25
0,5
0,75
1
1,25
A BLANC - GRIS
B BLANC - GRIS ivoire

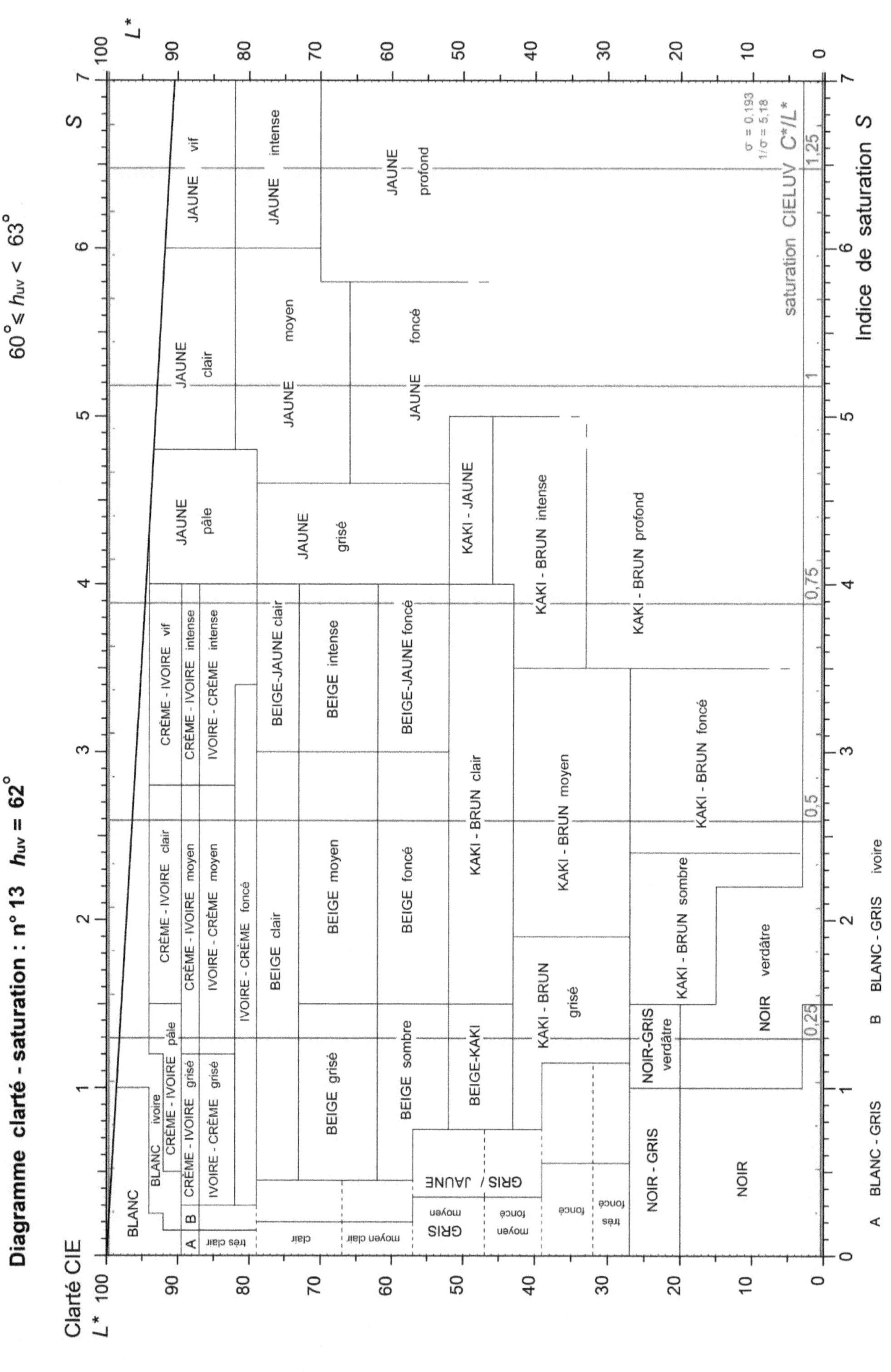
Diagramme clarté - saturation : n° 13 huv = 62°
60° ≤ huv < 63°
Clarté CIE L*
Indice de saturation S
saturation CIELUV C*/L*
σ = 0,193
1/σ = 5,18
BLANC
BLANC ivoire
CRÈME - IVOIRE vif
CRÈME - IVOIRE intense
IVOIRE - CRÈME intense
CRÈME - IVOIRE clair
CRÈME - IVOIRE moyen
IVOIRE - CRÈME moyen
IVOIRE - CRÈME foncé
CRÈME - IVOIRE pâle
CRÈME - IVOIRE grisé
IVOIRE - CRÈME grisé
CRÈME - IVOIRE
JAUNE vif
JAUNE intense
JAUNE profond
JAUNE clair
JAUNE moyen
JAUNE foncé
JAUNE pâle
JAUNE grisé
BEIGE-JAUNE clair
BEIGE intense
BEIGE-JAUNE foncé
BEIGE clair
BEIGE moyen
BEIGE foncé
BEIGE grisé
BEIGE sombre
KAKI - JAUNE
KAKI - BRUN intense
KAKI - BRUN profond
KAKI - BRUN clair
KAKI - BRUN moyen
KAKI - BRUN foncé
BEIGE-KAKI
KAKI - BRUN grisé
KAKI - BRUN sombre
NOIR-GRIS verdâtre
NOIR verdâtre
NOIR - GRIS
NOIR
GRIS / JAUNE
GRIS
très clair
clair
moyen clair
moyen
foncé
très foncé
A BLANC - GRIS
B BLANC - GRIS ivoire

Diagramme clarté - saturation : n° 14 $h_{uv} = 58°$

$57° \leqslant h_{uv} < 60°$

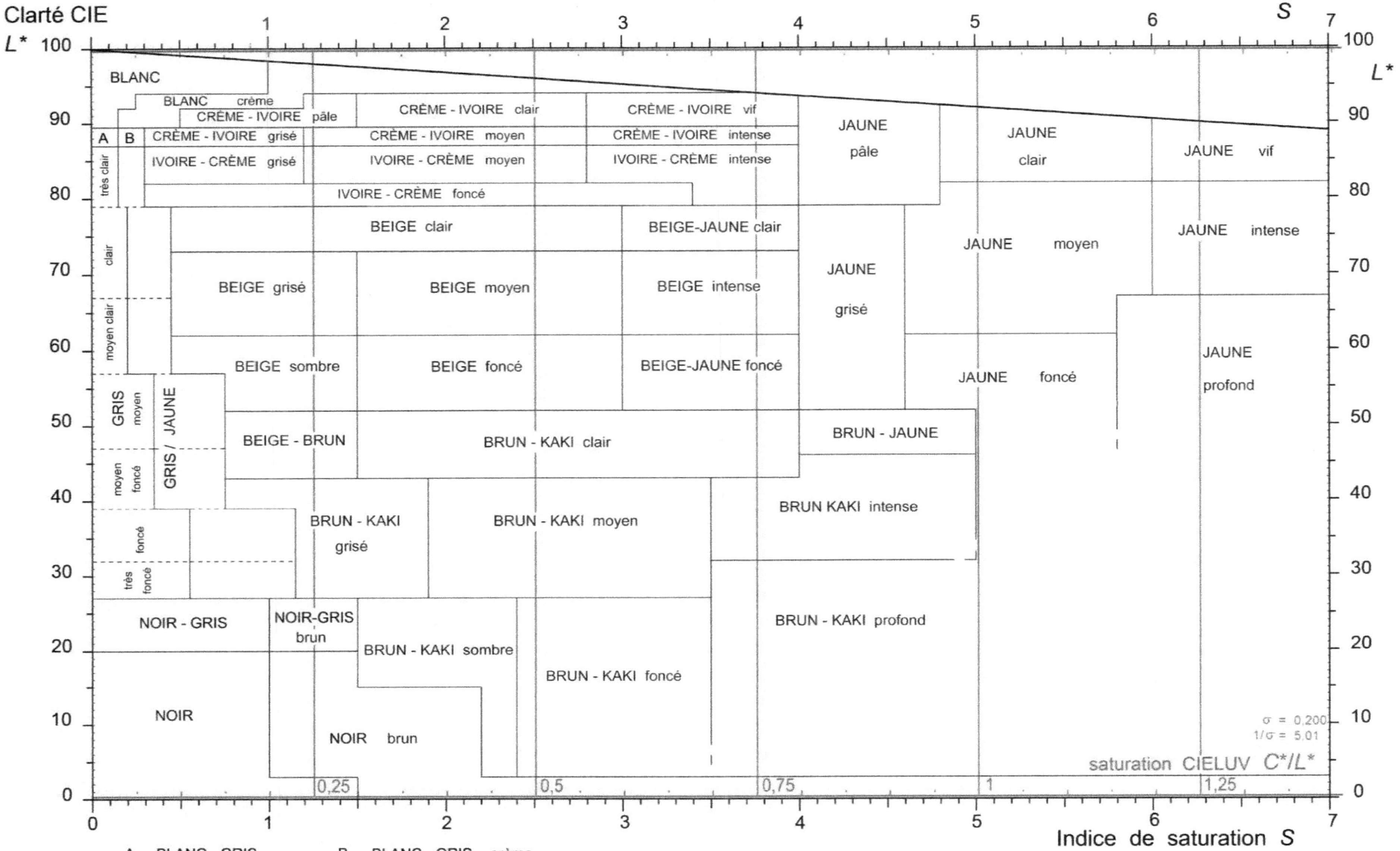

A BLANC - GRIS B BLANC - GRIS crème

Diagramme clarté - saturation : n° 15 h_{uv} = 52° $48° \leqslant h_{uv} < 57°$

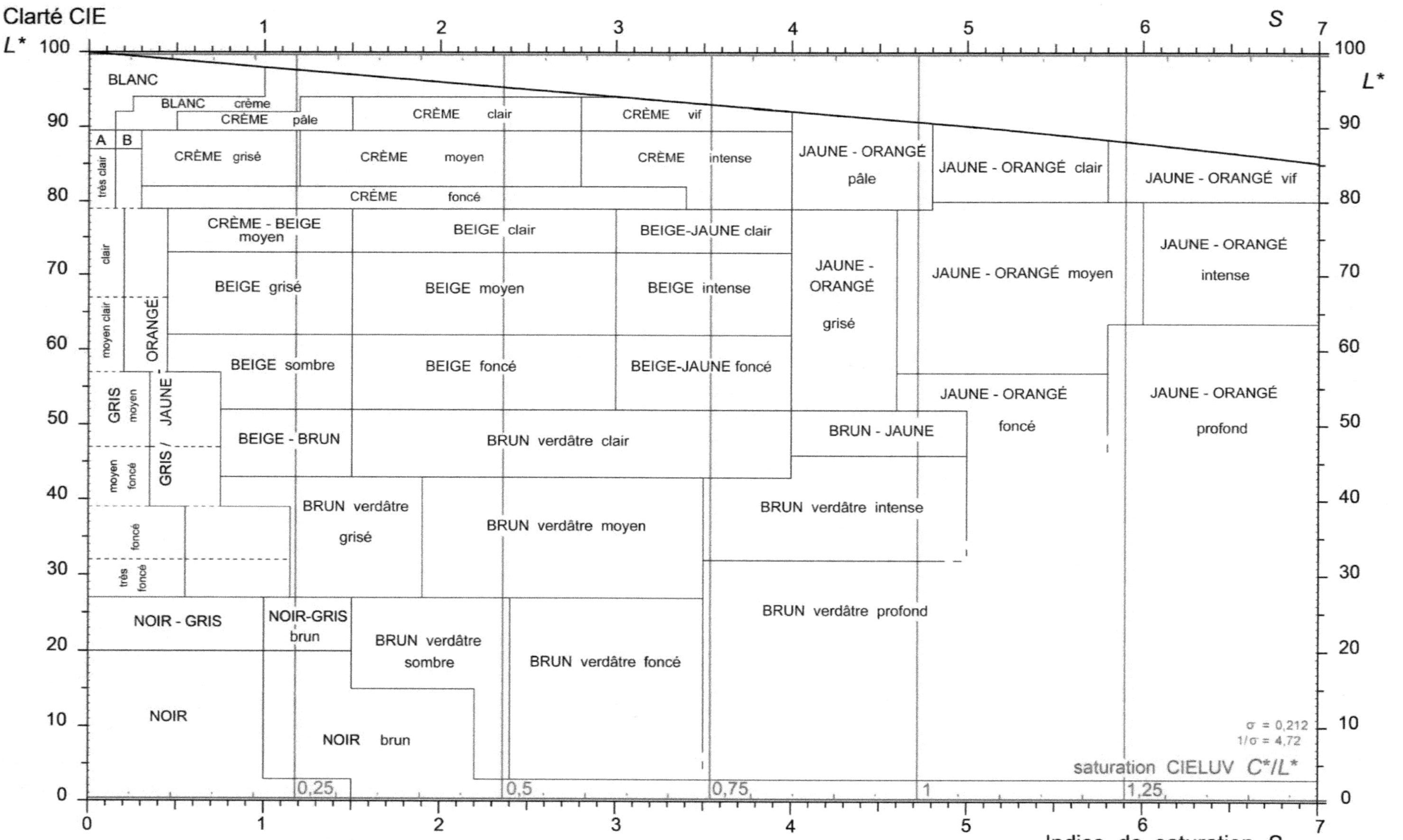

A BLANC - GRIS B BLANC - GRIS crème

Diagramme clarté - saturation : n° 16 h_{uv} = 46° 43° ≤ h_{uv} < 48°

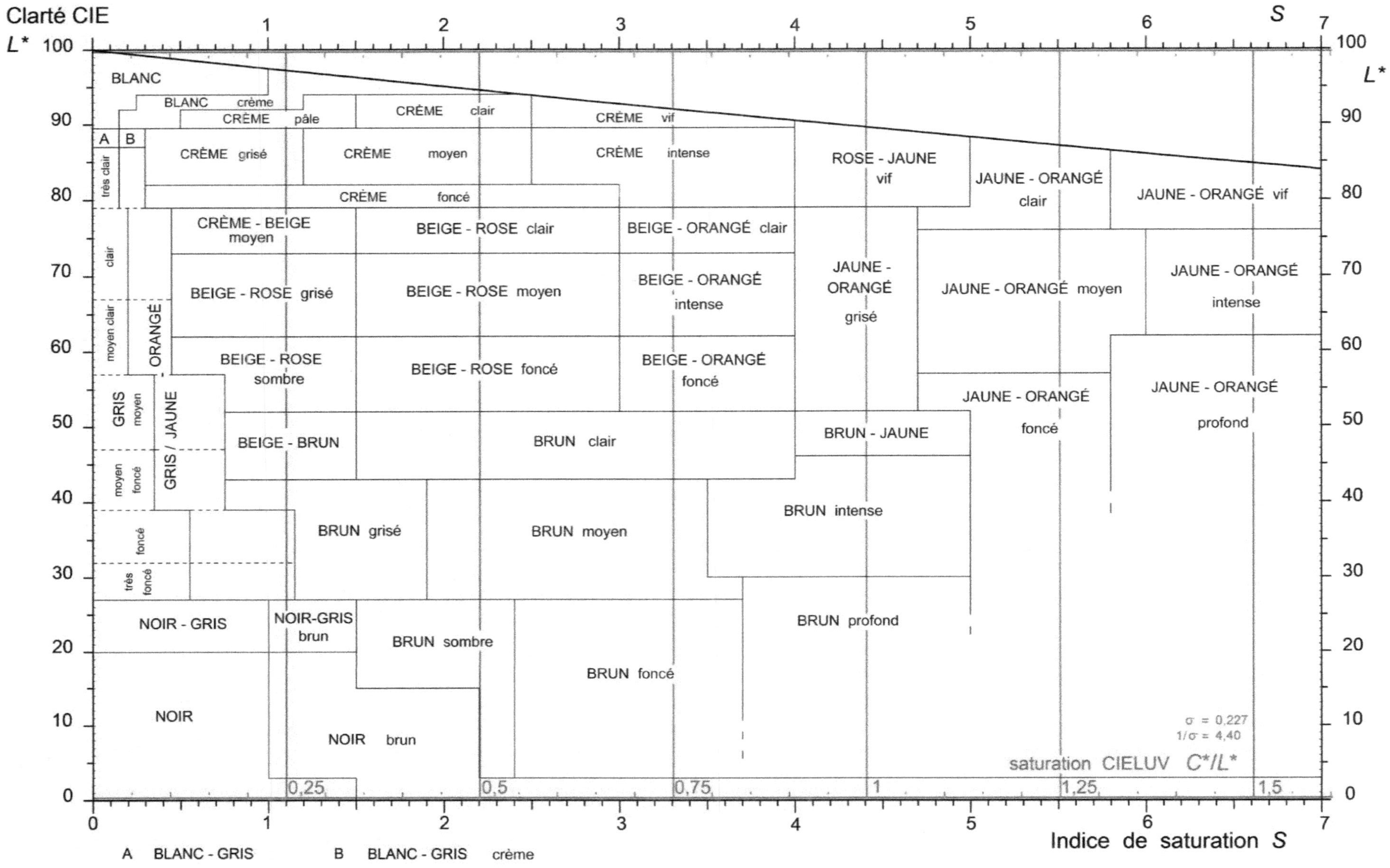
Clarté CIE
L* 100
S
Indice de saturation S
BLANC
BLANC crème
CRÈME pâle
CRÈME clair
CRÈME vif
A B
très clair
CRÈME grisé
CRÈME moyen
CRÈME intense
CRÈME foncé
ROSE - JAUNE vif
JAUNE - ORANGÉ clair
JAUNE - ORANGÉ vif
clair
CRÈME - BEIGE moyen
BEIGE - ROSE clair
BEIGE - ORANGÉ clair
JAUNE - ORANGÉ grisé
JAUNE - ORANGÉ moyen
JAUNE - ORANGÉ intense
moyen clair
ORANGÉ
BEIGE - ROSE grisé
BEIGE - ROSE moyen
BEIGE - ORANGÉ intense
BEIGE - ROSE sombre
BEIGE - ROSE foncé
BEIGE - ORANGÉ foncé
JAUNE - ORANGÉ foncé
JAUNE - ORANGÉ profond
GRIS moyen
GRIS / JAUNE
moyen foncé
BEIGE - BRUN
BRUN clair
BRUN - JAUNE
BRUN intense
foncé
très foncé
BRUN grisé
BRUN moyen
BRUN profond
NOIR - GRIS
NOIR-GRIS brun
BRUN sombre
BRUN foncé
NOIR
NOIR brun
σ = 0,227
1/σ = 4,40
saturation CIELUV C*/L*
0,25
0,5
0,75
1
1,25
1,5
A BLANC - GRIS
B BLANC - GRIS crème

Diagramme clarté - saturation : n° 17 h_{uv} = 40°

$38° \leqslant h_{uv} < 43°$

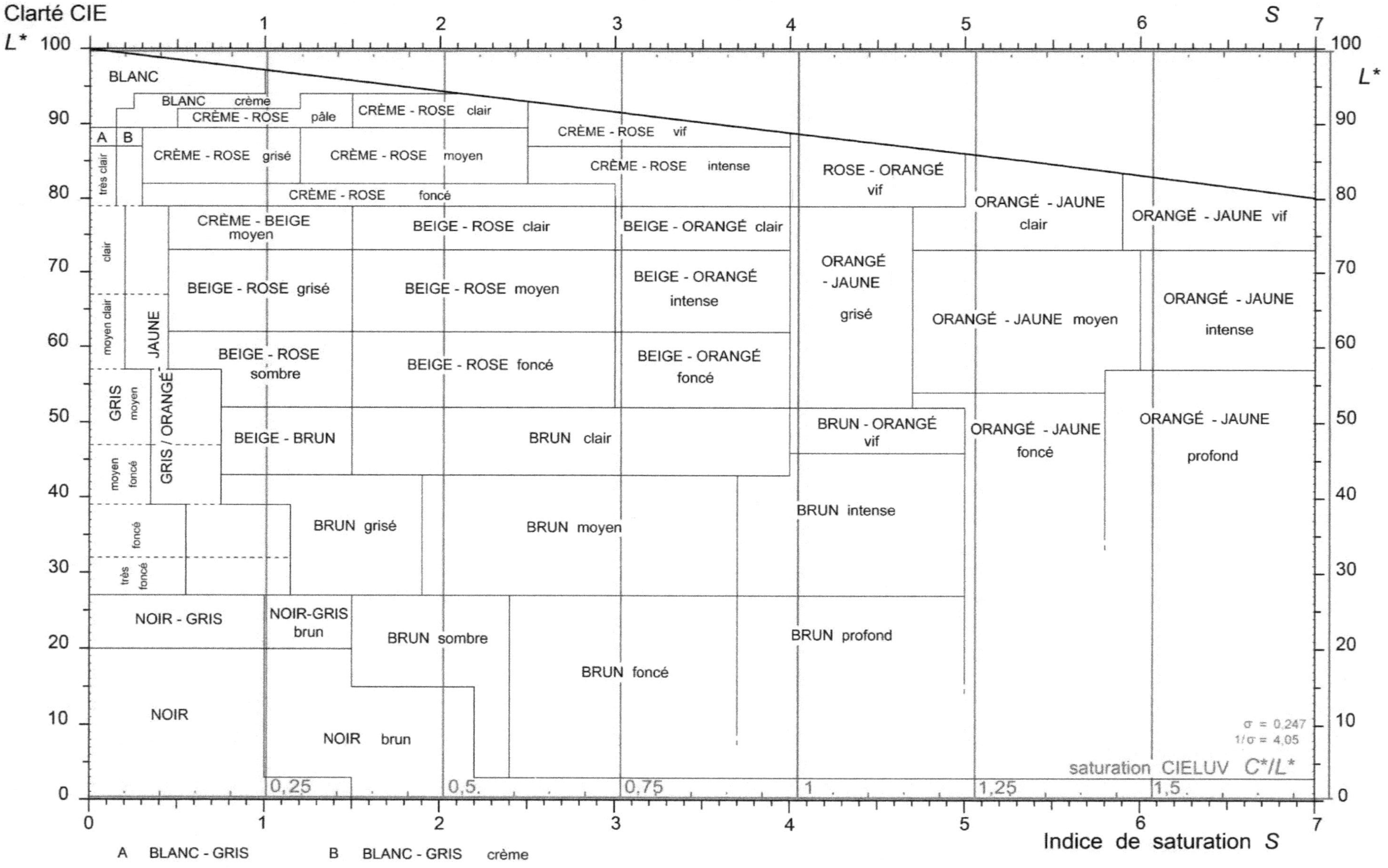
Clarté CIE
L*
S
Indice de saturation S
BLANC
BLANC crème
CRÈME - ROSE pâle
CRÈME - ROSE clair
CRÈME - ROSE vif
A
B
très clair
CRÈME - ROSE grisé
CRÈME - ROSE moyen
CRÈME - ROSE intense
CRÈME - ROSE foncé
ROSE - ORANGÉ vif
ORANGÉ - JAUNE clair
ORANGÉ - JAUNE vif
clair
CRÈME - BEIGE moyen
BEIGE - ROSE clair
BEIGE - ORANGÉ clair
ORANGÉ - JAUNE grisé
BEIGE - ROSE grisé
BEIGE - ROSE moyen
BEIGE - ORANGÉ intense
ORANGÉ - JAUNE moyen
ORANGÉ - JAUNE intense
moyen clair
JAUNE
BEIGE - ROSE sombre
BEIGE - ROSE foncé
BEIGE - ORANGÉ foncé
GRIS moyen
GRIS / ORANGÉ
BEIGE - BRUN
BRUN clair
BRUN - ORANGÉ vif
ORANGÉ - JAUNE foncé
ORANGÉ - JAUNE profond
moyen foncé
foncé
très foncé
BRUN grisé
BRUN moyen
BRUN intense
NOIR - GRIS
NOIR-GRIS brun
BRUN sombre
BRUN profond
BRUN foncé
NOIR
NOIR brun
σ = 0,247
1/σ = 4,05
saturation CIELUV C*/L*
0,25
0,5
0,75
1
1,25
1,5
A BLANC - GRIS
B BLANC - GRIS crème

Diagramme clarté - saturation : n° 18 h_{uv} = 36° $35° \leq h_{uv} < 38°$

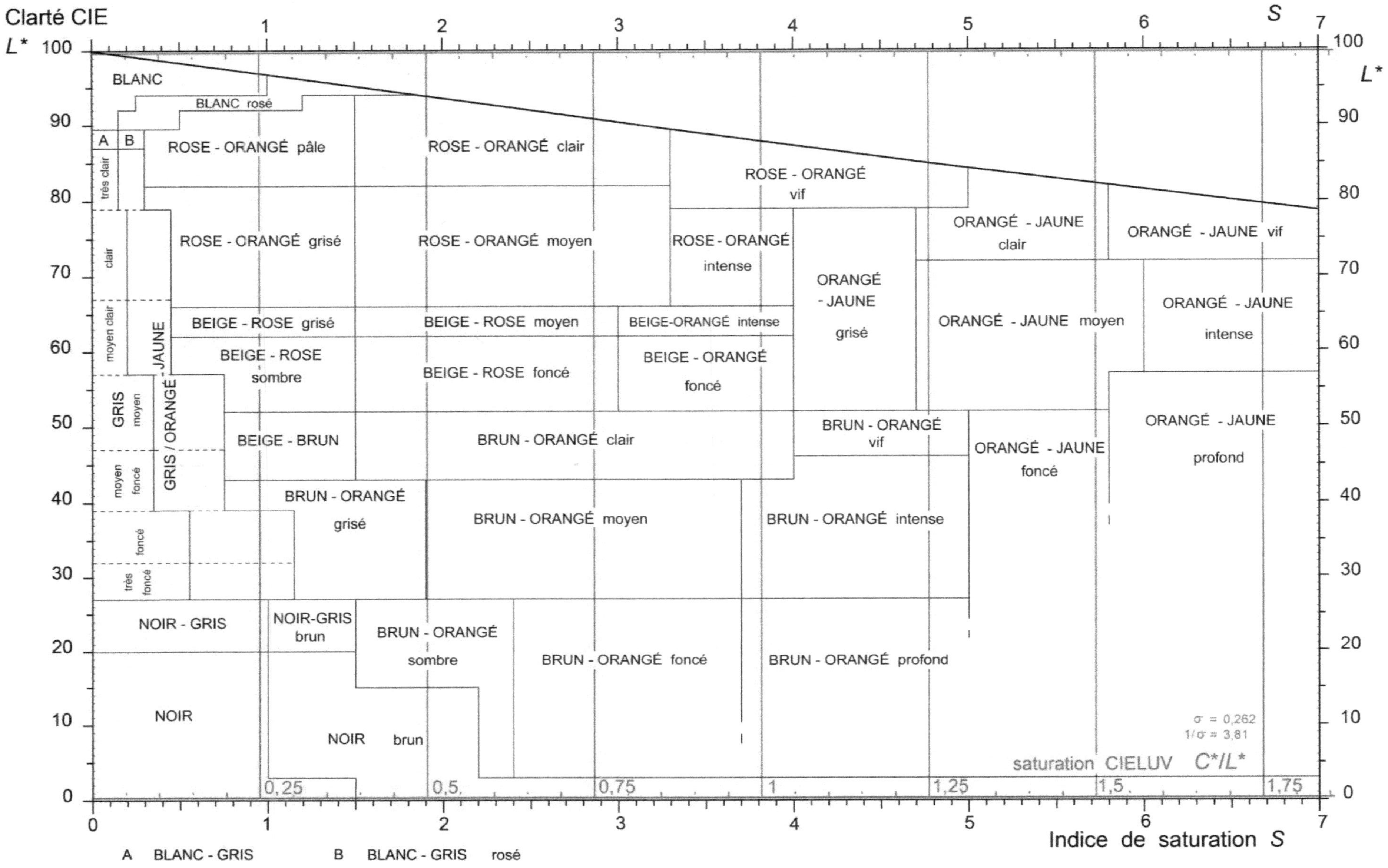
Clarté CIE L*
Indice de saturation S
saturation CIELUV C*/L*
σ = 0,262
1/σ = 3,81
BLANC
BLANC rosé
ROSE - ORANGÉ pâle
ROSE - ORANGÉ clair
ROSE - ORANGÉ vif
ROSE - ORANGÉ grisé
ROSE - ORANGÉ moyen
ROSE - ORANGÉ intense
ORANGÉ - JAUNE clair
ORANGÉ - JAUNE vif
ORANGÉ - JAUNE grisé
ORANGÉ - JAUNE moyen
ORANGÉ - JAUNE intense
ORANGÉ - JAUNE foncé
ORANGÉ - JAUNE profond
BEIGE - ROSE grisé
BEIGE - ROSE moyen
BEIGE-ORANGÉ intense
BEIGE - ROSE sombre
BEIGE - ROSE foncé
BEIGE - ORANGÉ foncé
BEIGE - BRUN
BRUN - ORANGÉ clair
BRUN - ORANGÉ vif
BRUN - ORANGÉ grisé
BRUN - ORANGÉ moyen
BRUN - ORANGÉ intense
NOIR - GRIS
NOIR-GRIS brun
BRUN - ORANGÉ sombre
BRUN - ORANGÉ foncé
BRUN - ORANGÉ profond
NOIR
NOIR brun
GRIS / ORANGÉ - JAUNE
GRIS
très clair
clair
moyen clair
moyen
moyen foncé
foncé
très foncé
0,25
0,5
0,75
1
1,25
1,5
1,75
A BLANC - GRIS
B BLANC - GRIS rosé

Diagramme clarté - saturation : n° 19 $h_{uv} = 30°$

$28° \leqslant h_{uv} < 35°$

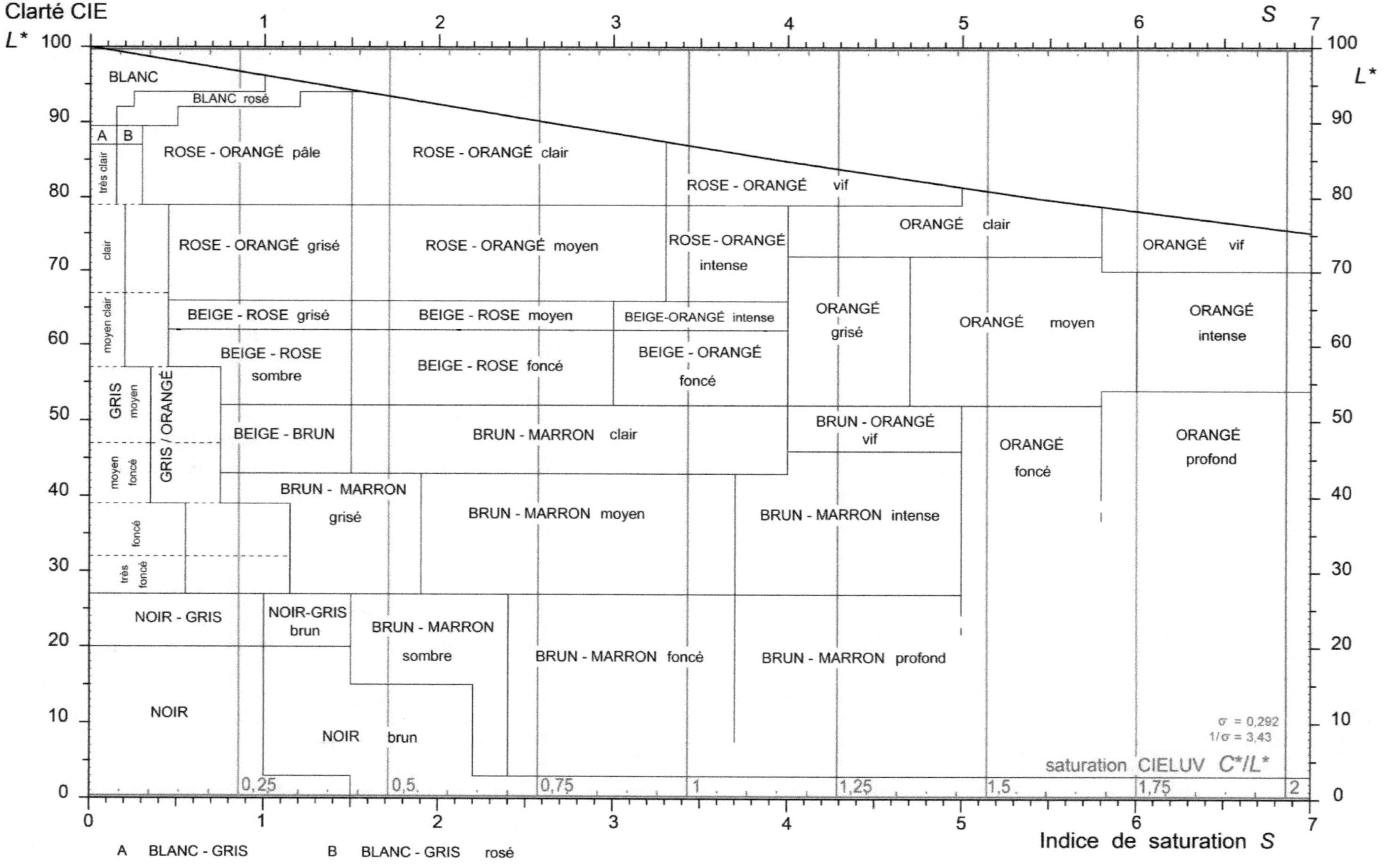
Clarté CIE
L*
S
Indice de saturation S
saturation CIELUV C*/L*
σ = 0,292
1/σ = 3,43
BLANC
BLANC rosé
A
B
très clair
clair
moyen clair
GRIS moyen
moyen foncé
foncé
très foncé
GRIS / ORANGÉ
ROSE - ORANGÉ pâle
ROSE - ORANGÉ clair
ROSE - ORANGÉ vif
ORANGÉ clair
ORANGÉ vif
ROSE - ORANGÉ grisé
ROSE - ORANGÉ moyen
ROSE - ORANGÉ intense
ORANGÉ grisé
ORANGÉ moyen
ORANGÉ intense
BEIGE - ROSE grisé
BEIGE - ROSE moyen
BEIGE-ORANGÉ intense
BEIGE - ROSE sombre
BEIGE - ROSE foncé
BEIGE - ORANGÉ foncé
BEIGE - BRUN
BRUN - MARRON clair
BRUN - ORANGÉ vif
ORANGÉ foncé
ORANGÉ profond
BRUN - MARRON grisé
BRUN - MARRON moyen
BRUN - MARRON intense
NOIR - GRIS
NOIR-GRIS brun
BRUN - MARRON sombre
BRUN - MARRON foncé
BRUN - MARRON profond
NOIR
NOIR brun
A BLANC - GRIS
B BLANC - GRIS rosé

Diagramme clarté - saturation : n° 20 h_{uv} = 27°

$26° \leq h_{uv} < 28°$

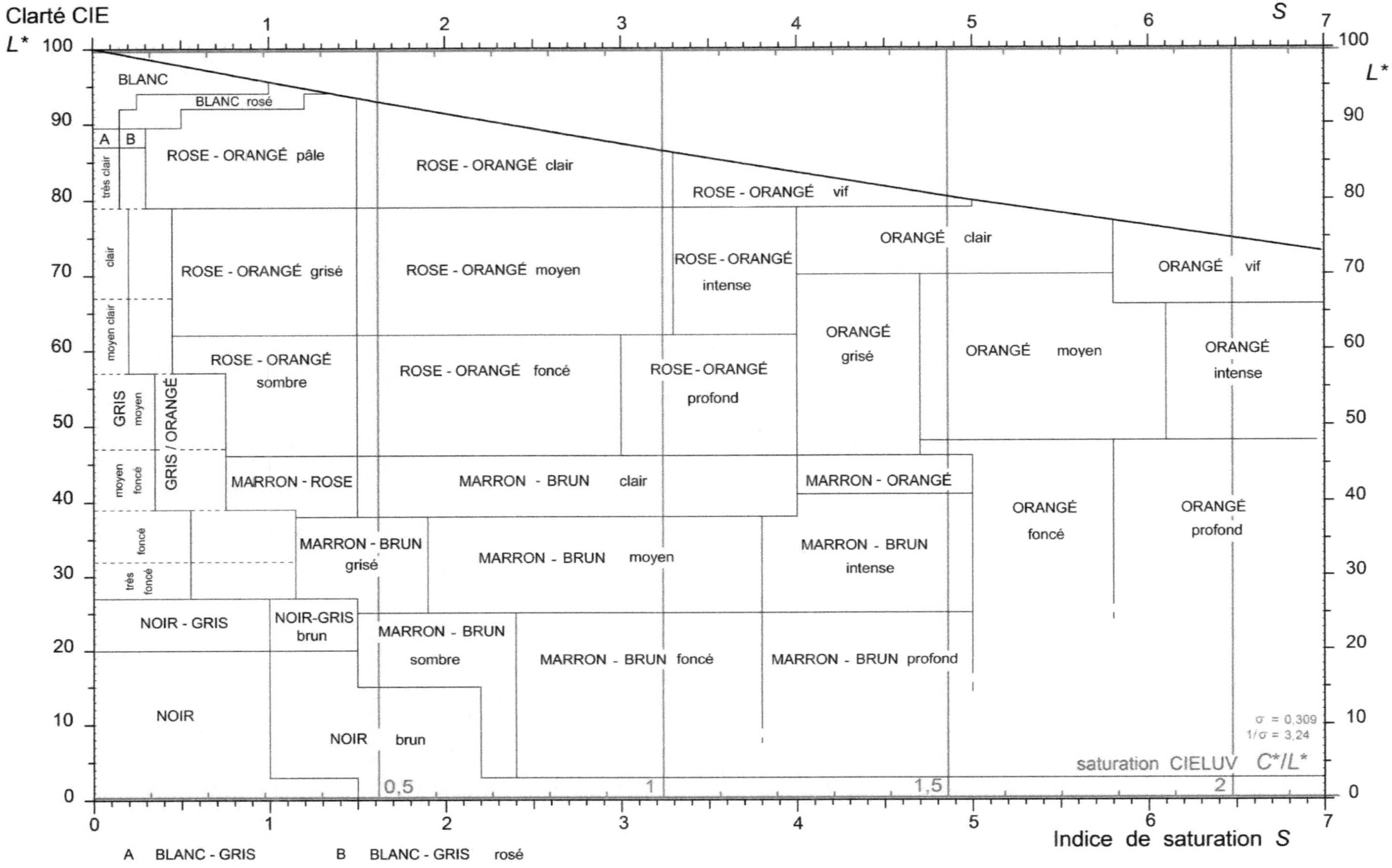
Clarté CIE
L* 100
S
BLANC
BLANC rosé
A B
très clair
clair
moyen clair
GRIS moyen
moyen foncé
foncé
très foncé
GRIS / ORANGÉ
ROSE - ORANGÉ pâle
ROSE - ORANGÉ clair
ROSE - ORANGÉ vif
ORANGÉ clair
ORANGÉ vif
ROSE - ORANGÉ grisé
ROSE - ORANGÉ moyen
ROSE - ORANGÉ intense
ORANGÉ grisé
ORANGÉ moyen
ORANGÉ intense
ROSE - ORANGÉ sombre
ROSE - ORANGÉ foncé
ROSE - ORANGÉ profond
MARRON - ROSE
MARRON - BRUN clair
MARRON - ORANGÉ
ORANGÉ foncé
ORANGÉ profond
MARRON - BRUN grisé
MARRON - BRUN moyen
MARRON - BRUN intense
NOIR - GRIS
NOIR-GRIS brun
MARRON - BRUN sombre
MARRON - BRUN foncé
MARRON - BRUN profond
NOIR
NOIR brun
σ = 0,309
1/σ = 3,24
saturation CIELUV C*/L*
0,5
1
1,5
2
Indice de saturation S
A BLANC - GRIS
B BLANC - GRIS rosé

Diagramme clarté - saturation : n° 21 h_{uv} = 24°

$22° \leqslant h_{uv} < 26°$

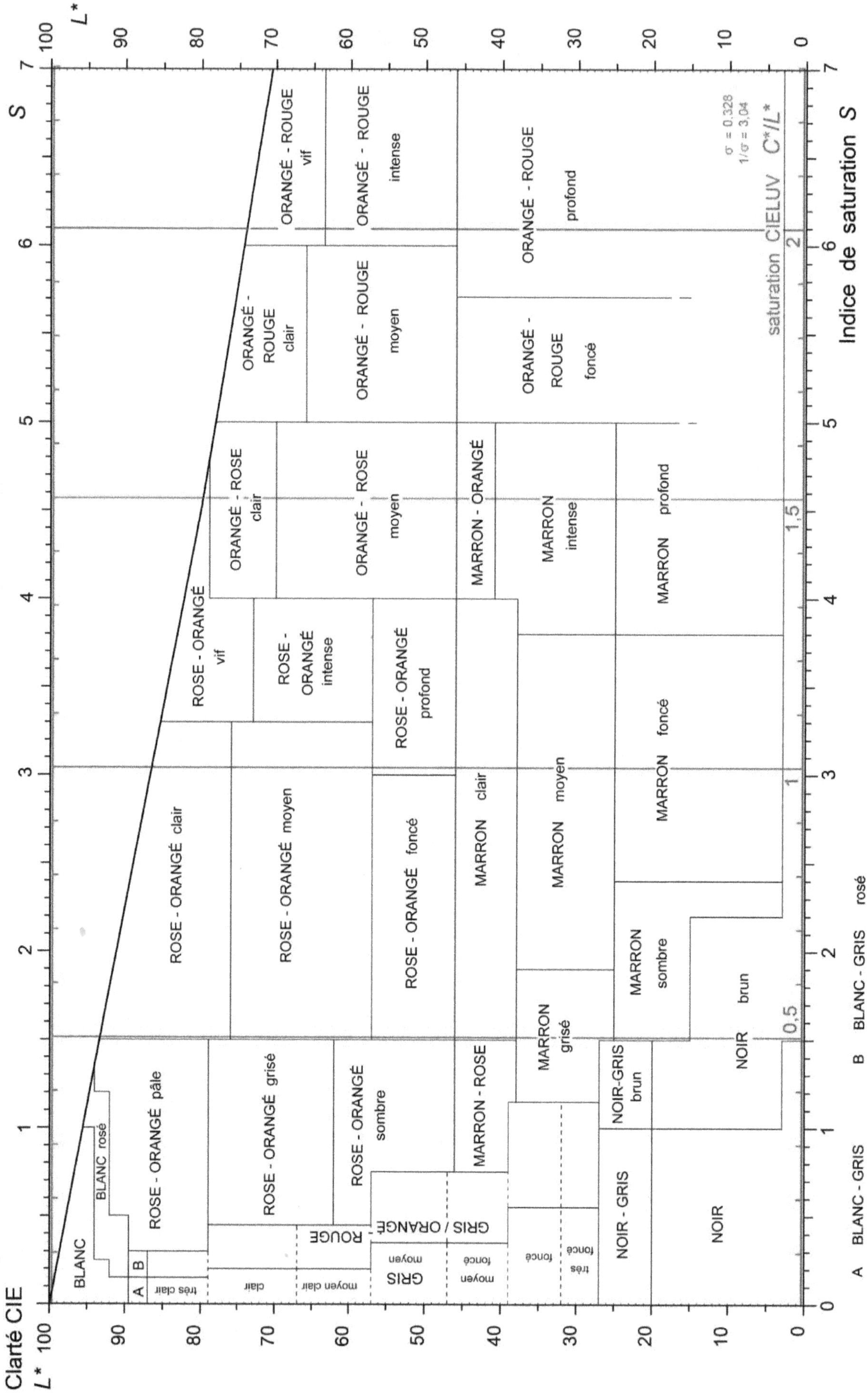

Clarté CIE
L*
S
Indice de saturation S
saturation CIELUV C*/L*
σ = 0,328
1/σ = 3,04
BLANC
BLANC rosé
A
B
très clair
clair
moyen clair
GRIS moyen
moyen
foncé
très foncé
GRIS / ORANGÉ - ROUGE
ROSE - ORANGÉ pâle
ROSE - ORANGÉ grisé
ROSE - ORANGÉ sombre
ROSE - ORANGÉ clair
ROSE - ORANGÉ moyen
ROSE - ORANGÉ foncé
ROSE - ORANGÉ vif
ROSE - ORANGÉ intense
ROSE - ORANGÉ profond
ORANGÉ - ROSE clair
ORANGÉ - ROSE moyen
ORANGÉ - ROUGE clair
ORANGÉ - ROUGE moyen
ORANGÉ - ROUGE vif
ORANGÉ - ROUGE intense
ORANGÉ - ROUGE profond
ORANGÉ - ROUGE foncé
MARRON - ROSE
MARRON clair
MARRON - ORANGÉ
MARRON grisé
MARRON moyen
MARRON intense
MARRON sombre
MARRON foncé
MARRON profond
NOIR - GRIS
NOIR-GRIS brun
NOIR
NOIR brun
A BLANC - GRIS
B BLANC - GRIS rosé
0,5
1
1,5
2

Diagramme clarté - saturation : n° 22 $h_{uv} = 20°$

$15° \leq h_{uv} < 22°$

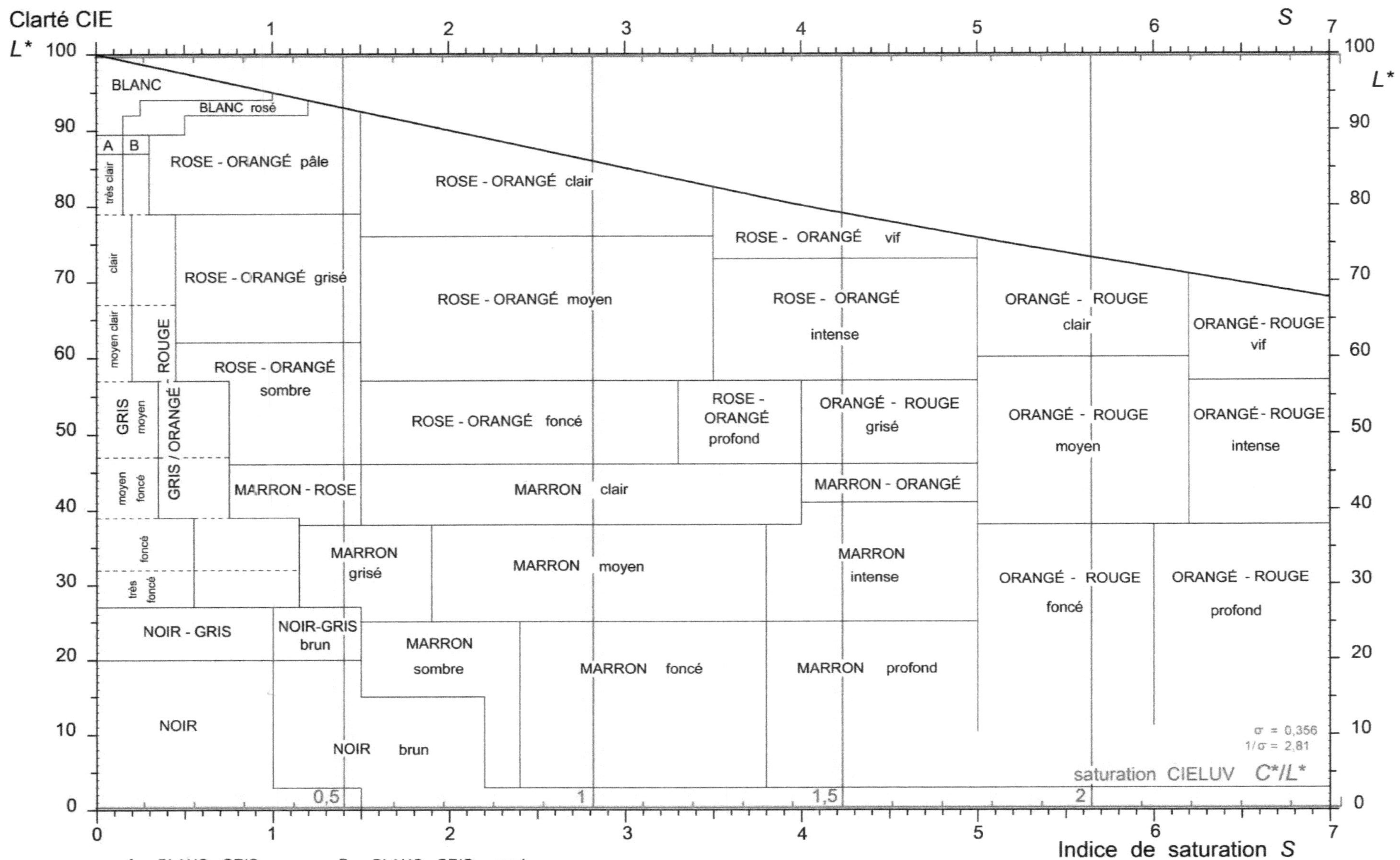

A BLANC - GRIS B BLANC - GRIS rosé

Diagramme clarté - saturation : n° 23 h_{uv} = 12° $9° \leq h_{uv} < 15°$

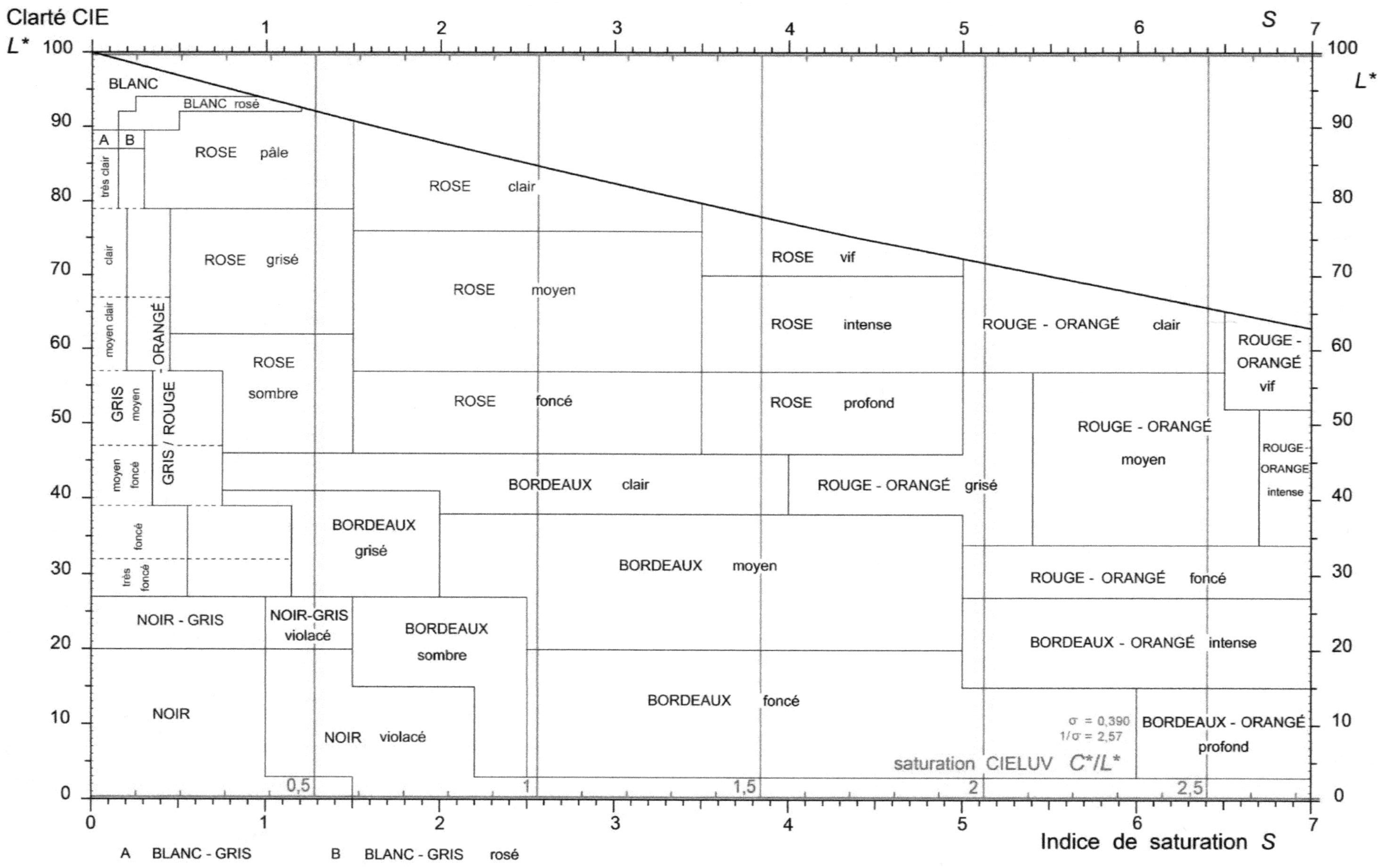
Clarté CIE
L*
S
Indice de saturation S
BLANC
BLANC rosé
A
B
très clair
clair
moyen clair
ORANGÉ
GRIS moyen
GRIS / ROUGE
moyen foncé
foncé
très foncé
ROSE pâle
ROSE grisé
ROSE sombre
ROSE clair
ROSE moyen
ROSE foncé
ROSE vif
ROSE intense
ROSE profond
ROUGE - ORANGÉ clair
ROUGE - ORANGÉ vif
ROUGE - ORANGÉ moyen
ROUGE - ORANGÉ intense
ROUGE - ORANGÉ grisé
ROUGE - ORANGÉ foncé
BORDEAUX clair
BORDEAUX grisé
BORDEAUX moyen
BORDEAUX sombre
BORDEAUX foncé
BORDEAUX - ORANGÉ intense
BORDEAUX - ORANGÉ profond
NOIR - GRIS
NOIR-GRIS violacé
NOIR
NOIR violacé
σ = 0,390
1/σ = 2,57
saturation CIELUV C*/L*
A BLANC - GRIS
B BLANC - GRIS rosé

Diagramme clarté - saturation : n° 24 h_{uv} = 6°

$4° \leq h_{uv} < 9°$

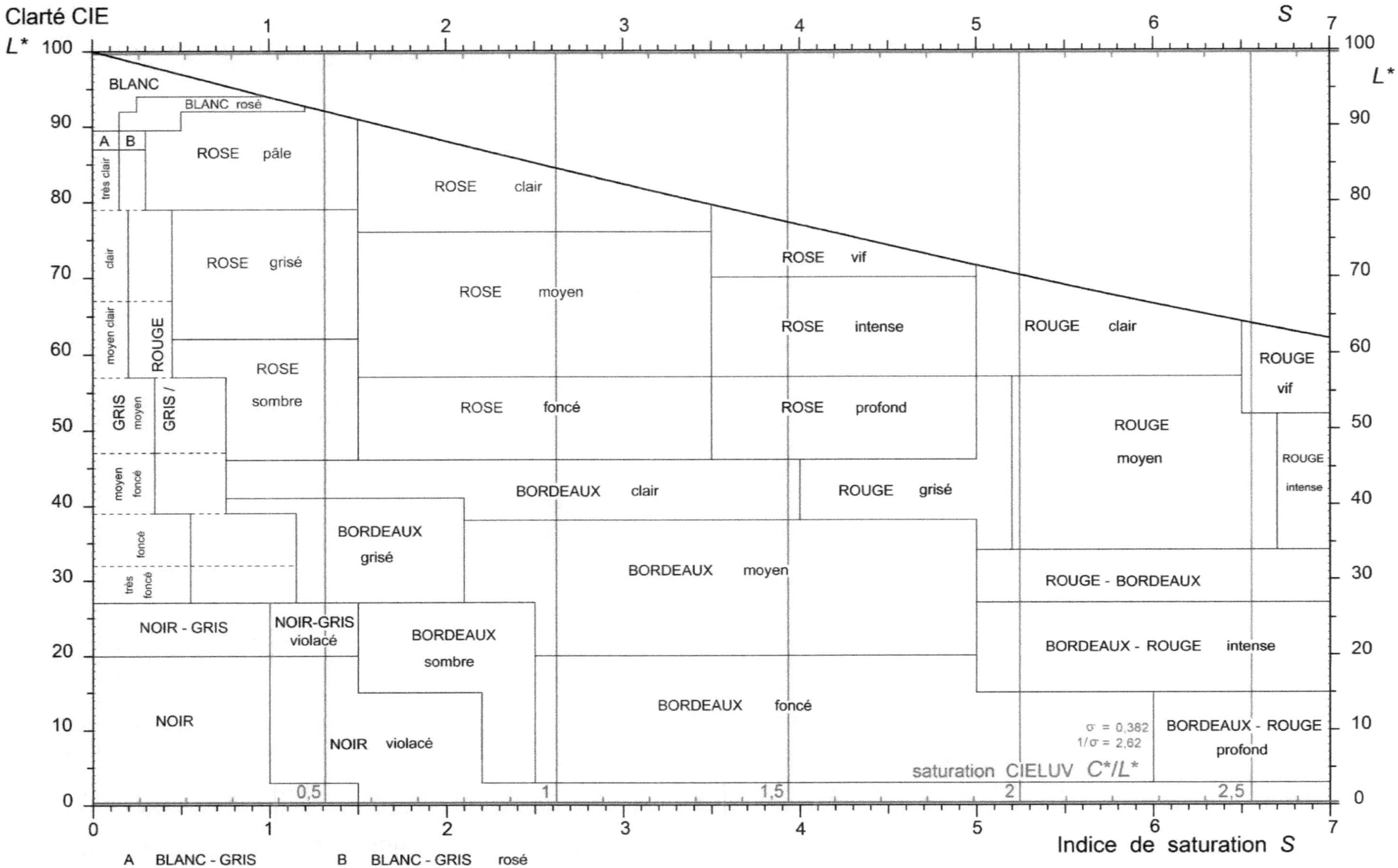

A BLANC - GRIS B BLANC - GRIS rosé

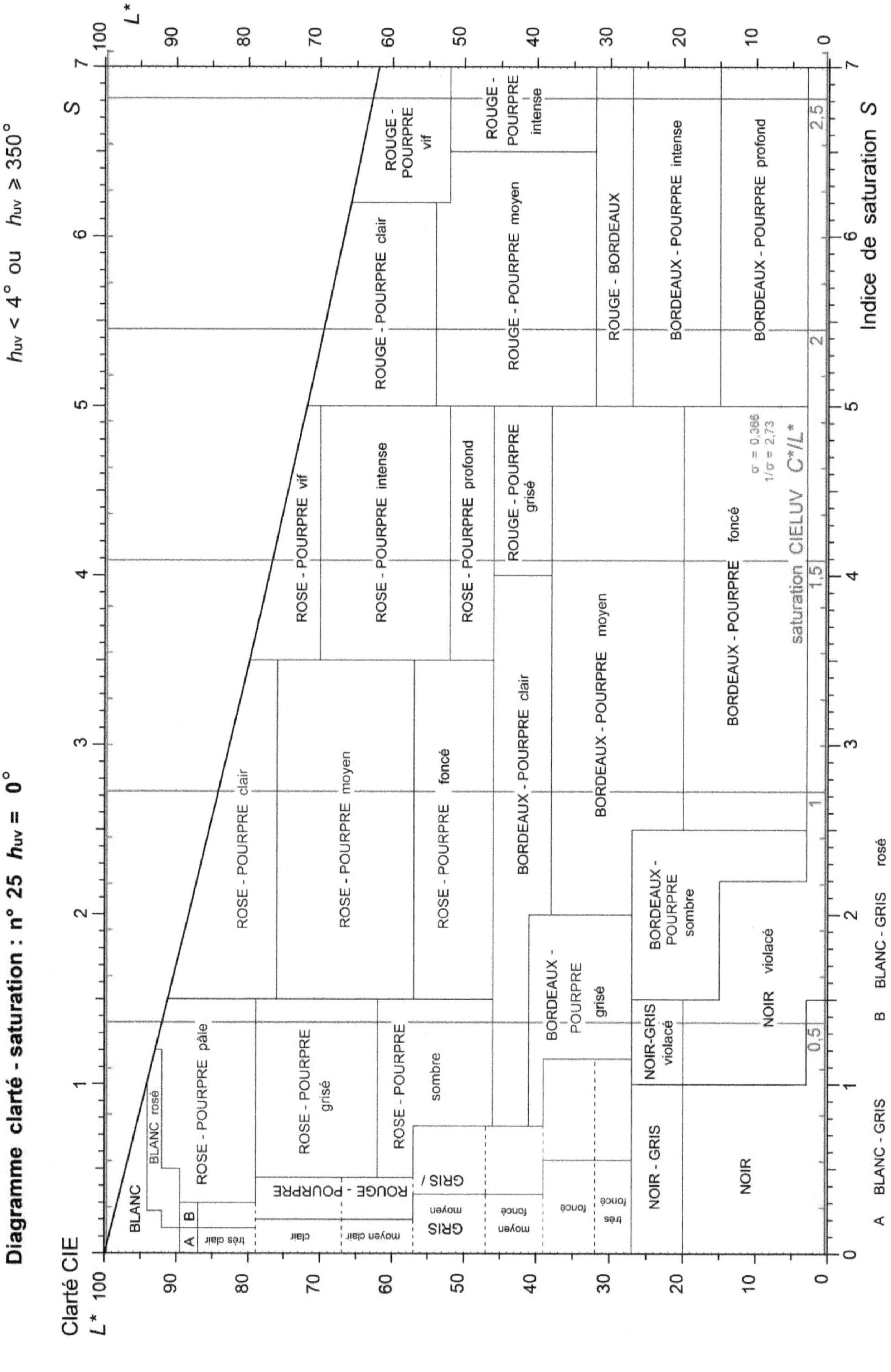
Diagramme clarté - saturation : n° 25 h_{uv} = 0°
h_{uv} < 4° ou h_{uv} ⩾ 350°
Clarté CIE
L*
S
Indice de saturation S
saturation CIELUV C*/L*
σ = 0,366
1/σ = 2,73
BLANC
BLANC rosé
A
B
très clair
clair
moyen clair
GRIS moyen
moyen
foncé
très foncé
GRIS /
ROUGE - POURPRE
ROSE - POURPRE pâle
ROSE - POURPRE grisé
ROSE - POURPRE sombre
ROSE - POURPRE clair
ROSE - POURPRE moyen
ROSE - POURPRE foncé
ROSE - POURPRE vif
ROSE - POURPRE intense
ROSE - POURPRE profond
ROUGE - POURPRE clair
ROUGE - POURPRE vif
ROUGE - POURPRE moyen
ROUGE - POURPRE intense
ROUGE - POURPRE grisé
ROUGE - BORDEAUX
BORDEAUX - POURPRE intense
BORDEAUX - POURPRE profond
BORDEAUX - POURPRE clair
BORDEAUX - POURPRE moyen
BORDEAUX - POURPRE foncé
BORDEAUX - POURPRE grisé
BORDEAUX - POURPRE sombre
NOIR - GRIS
NOIR-GRIS violacé
NOIR
NOIR violacé
A BLANC - GRIS
B BLANC - GRIS rosé
0,5
1
1,5
2
2,5

Diagramme clarté - saturation : n° 26 h_{uv} = 348°

346° ≤ h_{uv} < 350°

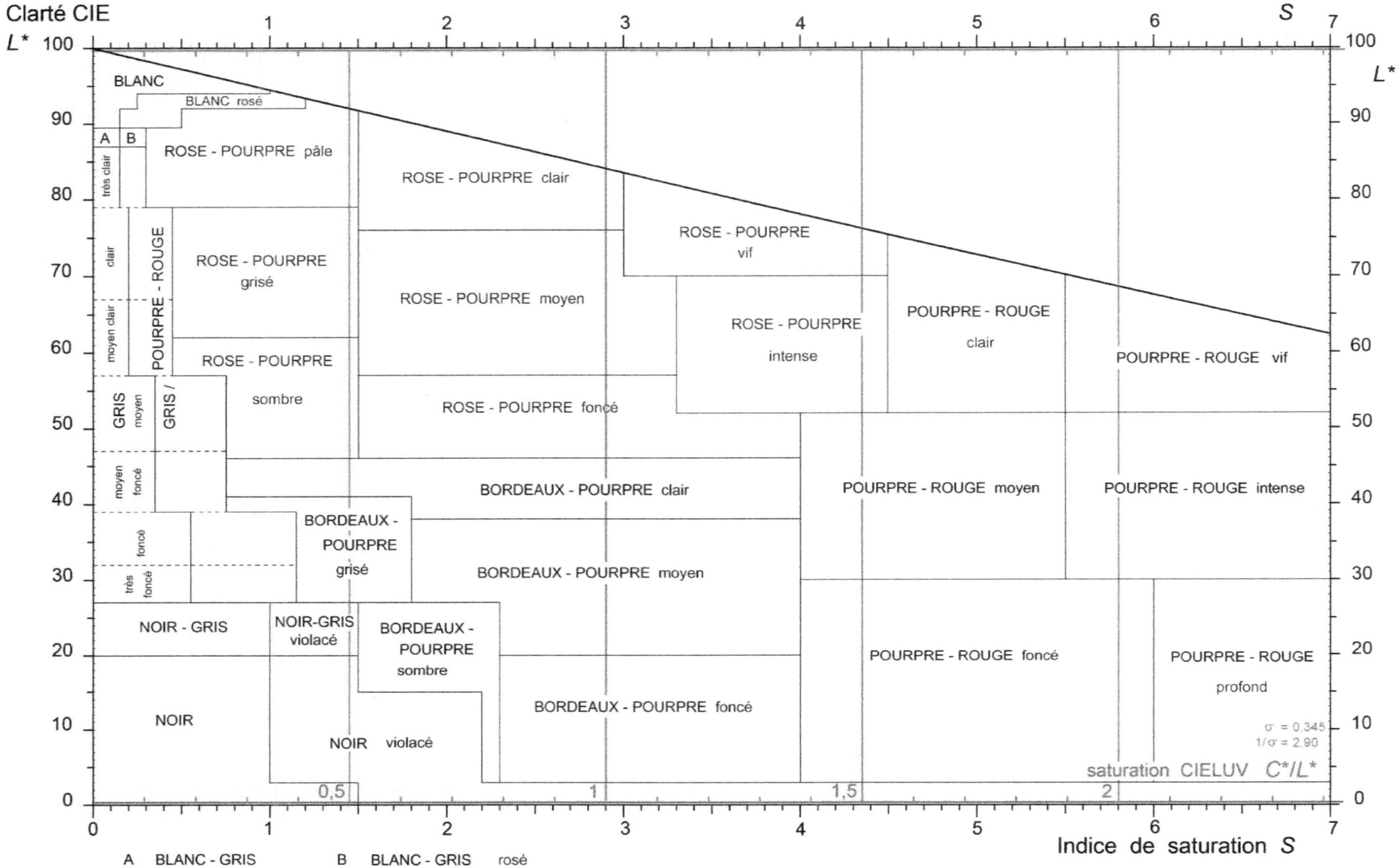

A BLANC - GRIS B BLANC - GRIS rosé

Diagramme clarté - saturation : n° 27 h_{uv} = 340°

$335° \leqslant h_{uv} < 346°$

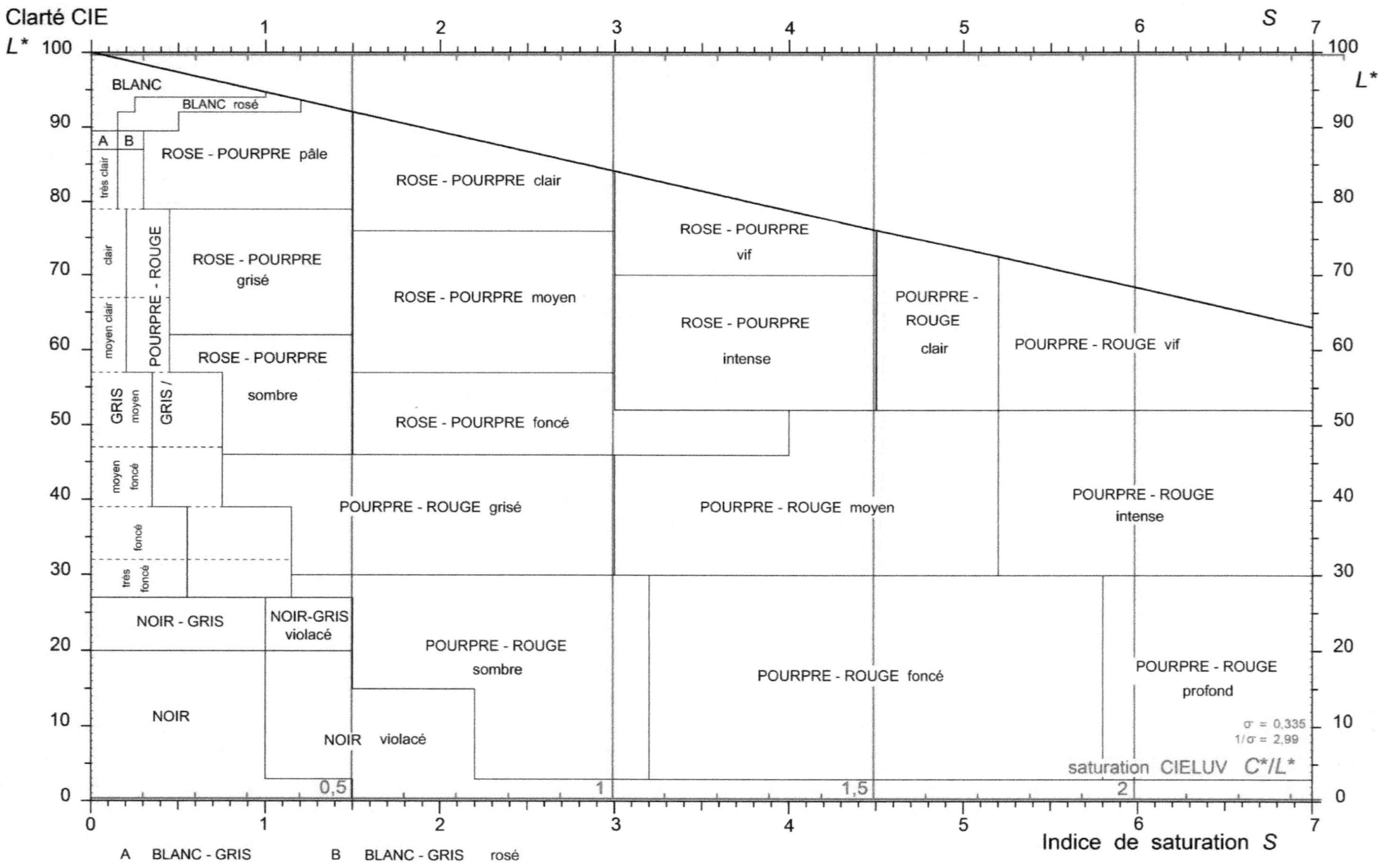

A BLANC - GRIS B BLANC - GRIS rosé

Diagramme clarté - saturation : n° 28 h_{uv} = 332°

$329° \leqslant h_{uv} < 335°$

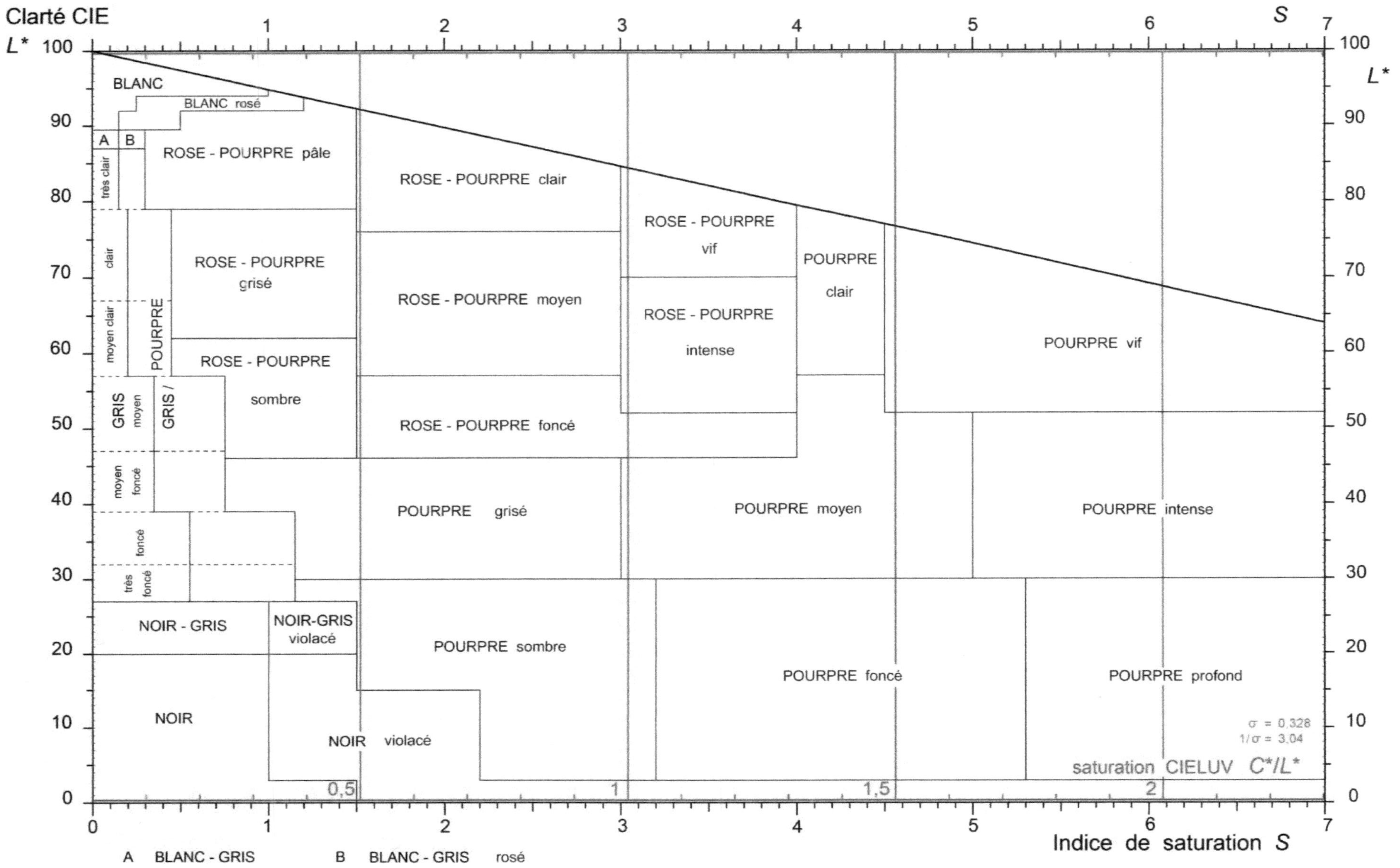

Diagramme clarté - saturation : n° 29 h_{uv} = 320° 313° ≤ h_{uv} < 329°

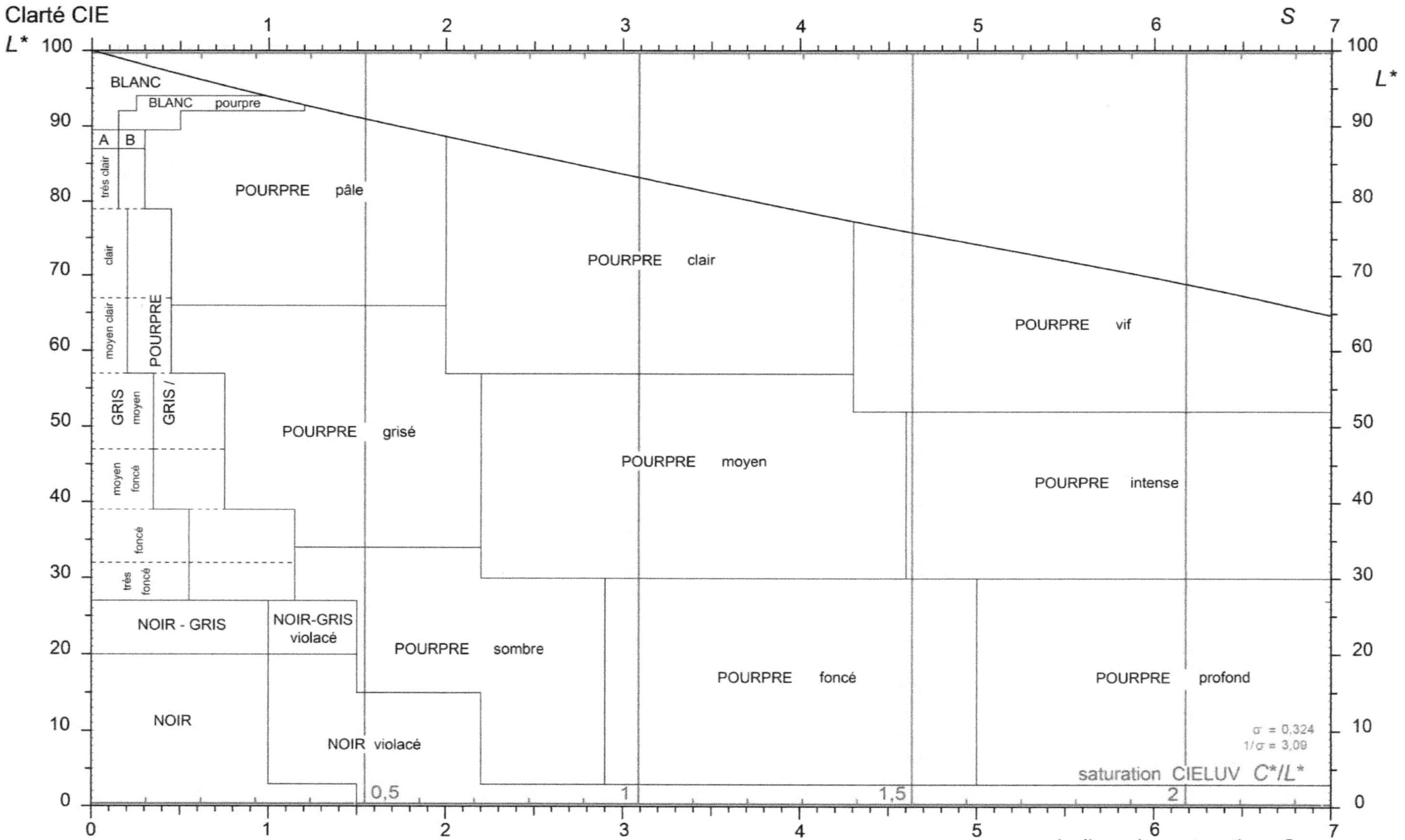

A BLANC - GRIS B BLANC - GRIS pourpre

Diagramme clarté - saturation : n° 30 h_{uv} = 306°

$299° \leqslant h_{uv} < 313°$

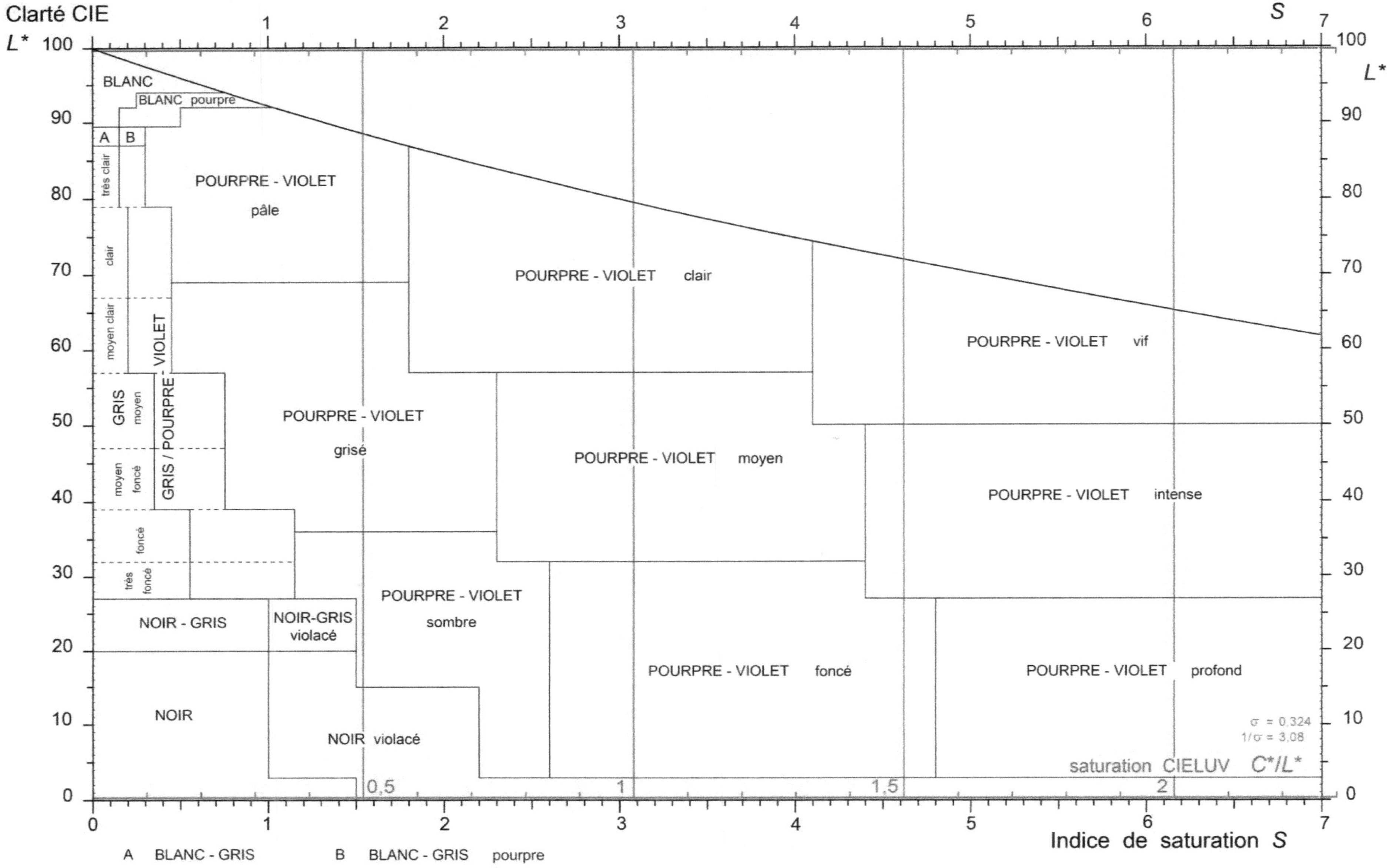

TABLE 21 - Facteurs de proportionnalité entre l'indice $S = (1/\sigma)\,[C^*_{uv}/L^*]$ et le rapport C^*/L^*

Les valeurs de $s_{uv}(1)$ et celles de σ permettent d'apprécier la corrélation obtenue par la relation (14).

h_{uv}°	$s_{uv}(1)$	σ	$1/\sigma$	λ_d nm	h_{uv}°	$s_{uv}(1)$	σ	$1/\sigma$	λ_d nm
0	**0,367**	**0,366**	**2,730**	***-494,9***	45	0,229	0,230	4,346	583,6
1	0,370	0,369	2,712	*-494,6*	46	0,226	0,227	4,402	583,2
2	0,372	0,371	2,695	*-494,2*	47	0,224	0,224	4,458	582,8
3	0,374	0,374	2,676	*-493,9*	48	0,221	0,222	4,513	582,5
4	0,376	0,376	2,657	*-493,7*	49	0,218	0,219	4,567	582,1
5	0,378	0,379	2,639	*-493,4*	**50**	**0,216**	**0,216**	**4,620**	**581,7**
6	0,381	0,382	2,621	647,9	51	0,213	0,214	4,672	581,4
7	0,383	0,384	2,604	635,3	52	0,211	0,212	4,723	581,0
8	0,384	0,386	2,589	627,6	53	0,209	0,209	4,774	580,7
9	0,386	0,388	2,577	622,0	54	0,207	0,207	4,823	580,3
10	**0,388**	**0,389**	**2,569**	**617,8**	55	0,205	0,205	4,871	580,0
11	0,389	0,390	2,565	614,4	56	0,203	0,203	4,919	579,7
12	0,390	0,390	2,567	611,7	57	0,201	0,201	4,965	579,3
13	0,389	0,388	2,575	609,4	58	0,199	0,200	5,010	579,0
14	0,387	0,386	2,590	607,3	59	0,197	0,198	5,054	578,7
15	0,384	0,383	2,611	605,6	**60**	**0,195**	**0,196**	**5,097**	**578,4**
16	0,380	0,379	2,639	604,0	61	0,194	0,195	5,139	578,1
17	0,375	0,374	2,674	602,6	62	0,192	0,193	5,179	577,7
18	0,369	0,368	2,715	601,3	63	0,191	0,192	5,219	577,4
19	0,362	0,362	2,761	600,1	64	0,189	0,190	5,257	577,1
20	**0,355**	**0,356**	**2,811**	**598,9**	65	0,188	0,189	5,294	576,8
21	0,348	0,349	2,866	597,9	66	0,187	0,188	5,330	576,5
22	0,341	0,342	2,923	596,9	67	0,186	0,186	5,365	576,2
23	0,334	0,335	2,983	596,0	68	0,184	0,185	5,398	575,9
24	0,328	0,328	3,045	595,1	69	0,183	0,184	5,430	575,6
25	0,321	0,322	3,108	594,3	**70**	**0,182**	**0,183**	**5,462**	**575,3**
26	0,315	0,315	3,172	593,6	71	0,181	0,182	5,491	575,0
27	0,309	0,309	3,236	592,8	72	0,180	0,181	5,520	574,7
28	0,303	0,303	3,301	592,2	73	0,179	0,180	5,548	574,4
29	0,297	0,297	3,366	591,5	74	0,178	0,179	5,574	574,1
30	**0,292**	**0,292**	**3,430**	**590,9**	75	0,178	0,179	5,599	573,8
31	0,286	0,286	3,494	590,3	76	0,177	0,178	5,623	573,5
32	0,281	0,281	3,558	589,7	77	0,176	0,177	5,646	573,2
33	0,276	0,276	3,622	589,1	78	0,175	0,176	5,668	572,9
34	0,271	0,271	3,685	588,6	79	0,175	0,176	5,689	572,6
35	0,267	0,267	3,748	588,1	**80**	**0,174**	**0,175**	**5,709**	**572,3**
36	0,262	0,262	3,810	587,6	81	0,174	0,175	5,728	572,0
37	0,258	0,258	3,872	587,1	82	0,173	0,174	5,745	571,7
38	0,254	0,254	3,934	586,6	83	0,173	0,174	5,762	571,4
39	0,250	0,250	3,994	586,1	84	0,172	0,173	5,778	571,0
40	**0,246**	**0,247**	**4,054**	**585,7**	85	0,172	0,173	5,792	570,7
41	0,243	0,243	4,114	585,3	86	0,171	0,172	5,806	570,4
42	0,239	0,240	4,173	584,8	87	0,171	0,172	5,819	570,1
43	0,236	0,236	4,231	584,4	88	0,171	0,171	5,831	569,8
44	0,232	0,233	4,289	584,0	89	0,170	0,171	5,843	569,4

TABLE 21 (suite 1)

h_{uv}°	$s_{uv}(1)$	σ	$1/\sigma$	λ_d nm	h_{uv}°	$s_{uv}(1)$	σ	$1/\sigma$	λ_d nm
90	**0,170**	**0,171**	**5,853**	**569,1**	135	0,175	0,173	5,781	540,5
91	0,170	0,171	5,863	568,8	136	0,175	0,173	5,773	539,0
92	0,170	0,170	5,871	568,4	137	0,175	0,173	5,764	537,4
93	0,169	0,170	5,880	568,1	138	0,175	0,174	5,755	535,8
94	0,169	0,170	5,887	567,8	139	0,175	0,174	5,746	534,1
95	0,169	0,170	5,894	567,4	**140**	**0,176**	**0,174**	**5,738**	**532,4**
96	0,169	0,170	5,899	567,1	141	0,176	0,175	5,728	530,5
97	0,169	0,169	5,905	566,7	142	0,176	0,175	5,719	528,7
98	0,169	0,169	5,909	566,3	143	0,176	0,175	5,710	526,8
99	0,169	0,169	5,913	565,9	144	0,176	0,175	5,700	524,9
100	**0,169**	**0,169**	**5,917**	**565,6**	145	0,176	0,176	5,691	523,0
101	0,169	0,169	5,919	565,2	146	0,177	0,176	5,681	521,1
102	0,169	0,169	5,922	564,8	147	0,177	0,176	5,671	519,2
103	0,169	0,169	5,923	564,4	148	0,177	0,177	5,661	517,5
104	0,169	0,169	5,925	564,0	149	0,177	0,177	5,651	516,0
105	0,169	0,169	5,925	563,5	**150**	**0,178**	**0,177**	**5,641**	**514,5**
106	0,169	0,169	5,925	563,1	151	0,178	0,178	5,631	513,2
107	0,169	0,169	5,925	562,6	152	0,178	0,178	5,621	511,9
108	0,169	0,169	5,924	562,2	153	0,178	0,178	5,610	510,8
109	0,170	0,169	5,923	561,7	154	0,179	0,179	5,600	509,7
110	**0,170**	**0,169**	**5,921**	**561,2**	155	0,179	0,179	5,589	508,7
111	0,170	0,169	5,919	560,7	156	0,179	0,179	5,578	507,7
112	0,170	0,169	5,917	560,2	157	0,179	0,180	5,568	506,8
113	0,170	0,169	5,914	559,7	158	0,180	0,180	5,557	505,9
114	0,170	0,169	5,911	559,2	159	0,180	0,180	5,546	505,1
115	0,171	0,169	5,907	558,6	**160**	**0,180**	**0,181**	**5,534**	**504,4**
116	0,171	0,169	5,904	558,0	161	0,180	0,181	5,523	503,6
117	0,171	0,170	5,899	557,4	162	0,181	0,181	5,512	502,9
118	0,171	0,170	5,895	556,8	163	0,181	0,182	5,500	502,3
119	0,171	0,170	5,890	556,1	164	0,181	0,182	5,488	501,7
120	**0,171**	**0,170**	**5,885**	**555,5**	165	0,182	0,183	5,477	501,1
121	0,172	0,170	5,880	554,8	166	0,182	0,183	5,465	500,6
122	0,172	0,170	5,874	554,0	167	0,182	0,183	5,453	500,0
123	0,172	0,170	5,868	553,3	168	0,183	0,184	5,440	499,5
124	0,172	0,171	5,862	552,5	169	0,183	0,184	5,428	499,0
125	0,173	0,171	5,856	551,6	**170**	**0,183**	**0,185**	**5,416**	**498,6**
126	0,173	0,171	5,849	550,7	171	0,184	0,185	5,403	498,2
127	0,173	0,171	5,842	549,8	172	0,184	0,186	5,390	497,7
128	0,173	0,171	5,835	548,9	173	0,184	0,186	5,377	497,3
129	0,173	0,172	5,828	547,8	174	0,185	0,186	5,364	496,9
130	**0,174**	**0,172**	**5,821**	**546,8**	175	0,185	0,187	5,350	496,6
131	0,174	0,172	5,813	545,6	176	0,186	0,187	5,337	496,2
132	0,174	0,172	5,805	544,4	177	0,186	0,188	5,323	495,9
133	0,174	0,172	5,797	543,2	178	0,186	0,188	5,309	495,5
134	0,175	0,173	5,789	541,9	179	0,187	0,189	5,295	495,2

TABLE 21 (suite 2)

h_{uv}°	$s_{uv}(1)$	σ	$1/\sigma$	λ_d nm	h_{uv}°	$s_{uv}(1)$	σ	$1/\sigma$	λ_d nm
180	**0,187**	**0,189**	**5,280**	**494,9**	225	0,241	0,240	4,166	484,0
181	0,188	0,190	5,265	494,6	226	0,243	0,242	4,126	483,8
182	0,188	0,190	5,250	494,2	227	0,246	0,245	4,086	483,5
183	0,189	0,191	5,235	493,9	228	0,249	0,247	4,046	483,3
184	0,189	0,192	5,220	493,7	229	0,251	0,250	4,004	483,0
185	0,190	0,192	5,204	493,4	**230**	**0,254**	**0,252**	**3,962**	**482,8**
186	0,190	0,193	5,188	493,1	231	0,257	0,255	3,920	482,5
187	0,191	0,193	5,171	492,8	232	0,260	0,258	3,877	482,2
188	0,192	0,194	5,154	492,6	233	0,263	0,261	3,833	482,0
189	0,192	0,195	5,137	492,3	234	0,266	0,264	3,789	481,7
190	**0,193**	**0,195**	**5,120**	**492,0**	235	0,269	0,267	3,745	481,4
191	0,193	0,196	5,102	491,8	236	0,273	0,270	3,700	481,1
192	0,194	0,197	5,083	491,5	237	0,276	0,274	3,655	480,8
193	0,195	0,197	5,065	491,3	238	0,279	0,277	3,610	480,5
194	0,196	0,198	5,046	491,1	239	0,283	0,280	3,565	480,2
195	0,197	0,199	5,026	490,8	**240**	**0,286**	**0,284**	**3,520**	**479,9**
196	0,197	0,200	5,006	490,6	241	0,290	0,288	3,475	479,6
197	0,198	0,201	4,986	490,3	242	0,294	0,292	3,430	479,3
198	0,199	0,201	4,965	490,1	243	0,298	0,295	3,385	478,9
199	0,200	0,202	4,944	489,9	244	0,301	0,299	3,341	478,6
200	**0,201**	**0,203**	**4,922**	**489,7**	245	0,305	0,303	3,297	478,2
201	0,202	0,204	4,899	489,4	246	0,310	0,307	3,254	477,8
202	0,203	0,205	4,876	489,2	247	0,314	0,311	3,212	477,4
203	0,204	0,206	4,853	489,0	248	0,318	0,315	3,170	477,0
204	0,205	0,207	4,829	488,7	249	0,322	0,319	3,130	476,6
205	0,206	0,208	4,804	488,5	**250**	**0,326**	**0,324**	**3,091**	**476,2**
206	0,208	0,209	4,779	488,3	251	0,330	0,328	3,053	475,7
207	0,209	0,210	4,753	488,1	252	0,334	0,332	3,016	475,2
208	0,210	0,212	4,726	487,9	253	0,338	0,335	2,981	474,7
209	0,212	0,213	4,699	487,6	254	0,342	0,339	2,947	474,2
210	**0,213**	**0,214**	**4,671**	**487,4**	255	0,345	0,343	2,916	473,6
211	0,214	0,215	4,642	487,2	256	0,349	0,346	2,886	473,1
212	0,216	0,217	4,613	487,0	257	0,352	0,350	2,858	472,4
213	0,218	0,218	4,583	486,8	258	0,355	0,353	2,833	471,8
214	0,219	0,220	4,552	486,5	259	0,358	0,356	2,810	471,1
215	0,221	0,221	4,521	486,3	**260**	**0,361**	**0,359**	**2,789**	**470,3**
216	0,223	0,223	4,489	486,1	261	0,363	0,361	2,771	469,5
217	0,224	0,224	4,456	485,9	262	0,365	0,363	2,754	468,6
218	0,226	0,226	4,422	485,6	263	0,367	0,365	2,741	467,7
219	0,228	0,228	4,388	485,4	264	0,368	0,366	2,730	466,6
220	**0,230**	**0,230**	**4,353**	**485,2**	265	0,369	0,368	2,721	465,5
221	0,232	0,232	4,317	484,9	266	0,369	0,368	2,715	464,1
222	0,234	0,234	4,280	484,7	267	0,370	0,369	2,711	462,6
223	0,236	0,236	4,243	484,5	268	0,369	0,369	2,709	460,9
224	0,239	0,238	4,205	484,2	269	0,369	0,369	2,709	459,0

TABLE 21 (suite 3 et fin)

h_{uv}°	$s_{uv}(1)$	σ	$1/\sigma$	λ_d nm	h_{uv}°	$s_{uv}(1)$	σ	$1/\sigma$	λ_d nm
270	**0,368**	**0,369**	**2,712**	**456,8**	315	0,323	0,323	3,095	*-540,5*
271	0,367	0,368	2,716	454,4	316	0,323	0,323	3,094	*-539,0*
272	0,366	0,367	2,722	451,7	317	0,322	0,323	3,093	*-537,4*
273	0,365	0,366	2,729	448,4	318	0,322	0,323	3,092	*-535,8*
274	0,364	0,365	2,738	444,5	319	0,322	0,324	3,090	*-534,1*
275	0,362	0,364	2,749	439,2	**320**	**0,322**	**0,324**	**3,088**	***-532,4***
276	0,361	0,362	2,760	431,7	321	0,323	0,324	3,086	*-530,5*
277	0,359	0,361	2,773	416,4	322	0,323	0,324	3,084	*-528,7*
278	0,357	0,359	2,786	*-566,3*	323	0,323	0,325	3,081	*-526,8*
279	0,356	0,357	2,799	*-565,9*	324	0,323	0,325	3,078	*-524,9*
280	**0,354**	**0,355**	**2,814**	***-565,6***	325	0,323	0,325	3,075	*-523,0*
281	0,352	0,354	2,828	*-565,2*	326	0,324	0,326	3,071	*-521,1*
282	0,351	0,352	2,843	*-564,8*	327	0,324	0,326	3,068	*-519,2*
283	0,349	0,350	2,858	*-564,4*	328	0,325	0,326	3,064	*-517,5*
284	0,347	0,348	2,873	*-564,0*	329	0,325	0,327	3,059	*-516,0*
285	0,346	0,346	2,888	*-563,5*	**330**	**0,326**	**0,327**	**3,055**	***-514,5***
286	0,344	0,345	2,902	*-563,1*	331	0,326	0,328	3,050	*-513,2*
287	0,343	0,343	2,916	*-562,6*	332	0,327	0,328	3,045	*-511,9*
288	0,341	0,341	2,930	*-562,2*	333	0,328	0,329	3,039	*-510,8*
289	0,340	0,340	2,944	*-561,7*	334	0,329	0,330	3,033	*-509,7*
290	**0,339**	**0,338**	**2,957**	***-561,2***	335	0,330	0,330	3,027	*-508,7*
291	0,337	0,337	2,969	*-560,7*	336	0,331	0,331	3,020	*-507,7*
292	0,336	0,335	2,981	*-560,2*	337	0,332	0,332	3,013	*-506,8*
293	0,335	0,334	2,992	*-559,7*	338	0,333	0,333	3,005	*-505,9*
294	0,334	0,333	3,003	*-559,2*	339	0,334	0,334	2,997	*-505,1*
295	0,333	0,332	3,013	*-558,6*	**340**	**0,335**	**0,335**	**2,989**	***-504,4***
296	0,332	0,331	3,023	*-558,0*	341	0,337	0,336	2,980	*-503,6*
297	0,331	0,330	3,031	*-557,4*	342	0,338	0,337	2,970	*-502,9*
298	0,330	0,329	3,040	*-556,8*	343	0,339	0,338	2,960	*-502,3*
299	0,330	0,328	3,047	*-556,1*	344	0,340	0,339	2,949	*-501,7*
300	**0,329**	**0,327**	**3,054**	***-555,5***	345	0,342	0,340	2,938	*-501,1*
301	0,328	0,327	3,060	*-554,8*	346	0,343	0,342	2,927	*-500,6*
302	0,328	0,326	3,066	*-554,0*	347	0,344	0,343	2,915	*-500,0*
303	0,327	0,326	3,071	*-553,3*	348	0,346	0,345	2,902	*-499,5*
304	0,327	0,325	3,076	*-552,5*	349	0,347	0,346	2,890	*-499,0*
305	0,326	0,325	3,080	*-551,6*	**350**	**0,349**	**0,348**	**2,876**	***-498,6***
306	0,326	0,324	3,083	*-550,7*	351	0,351	0,349	2,863	*-498,2*
307	0,325	0,324	3,086	*-549,8*	352	0,352	0,351	2,850	*-497,7*
308	0,325	0,324	3,089	*-548,9*	353	0,354	0,353	2,836	*-497,3*
309	0,324	0,324	3,091	*-547,8*	354	0,355	0,354	2,822	*-496,9*
310	**0,324**	**0,323**	**3,092**	***-546,8***	355	0,357	0,356	2,807	*-496,6*
311	0,324	0,323	3,094	*-545,6*	356	0,359	0,358	2,793	*-496,2*
312	0,323	0,323	3,094	*-544,4*	357	0,361	0,360	2,778	*-495,9*
313	0,323	0,323	3,095	*-543,2*	358	0,363	0,362	2,762	*-495,5*
314	0,323	0,323	3,095	*-541,9*	359	0,365	0,364	2,746	*-495,2*

BIBLIOGRAPHIE

Normes et rapports techniques

1 – Afnor X 08-002 : 1971 – *Collection réduite de couleurs. Identification – Catalogue – Etalons secondaires (Norme expérimentale annulée en décembre 2010)*

2 – Afnor X 08-010 : 1977 - *Classification méthodique générale des couleurs (Norme annulée en 2015)*

3 – Afnor X 08-014 : 2005 - *Espaces colorimétriques pseudo-uniformes : CIELAB et CIELUV, Formules d'écart de couleur associées*

4 – Afnor FD X 08-018 : 2013 – *Détermination de l'indice de rendu des couleurs des sources de lumière*

5 – CIE-ISO S014-4/F : 2007 – *Colorimétrie - Partie 4 : Espace chromatique L*a*b* CIE 1976*

6 – CIE-ISO S014-5/F : 2009 – *Colorimétrie - Partie 5 : Espace chromatique L*u*v* CIE 1976 et diagramme de chromaticité uniforme u', v'*

7 – DIN 6164 – Part 1. February 1980 - *DIN colour chart. System based on the 2° colorimetric observer.* Berlin 1980
Pour la courbure des lignes de teinte : voir § 2.3, *Note*, page 2
Pour l'échelle de saturation : voir § 2.4 *Note*, page 2
Pour l'extension à l'observateur de référence 10° : voir : *Explanatory notes*, page 13

8 – Publication CIE 13-2 – *Méthode de mesure et de spécification des qualités de rendu des couleurs des sources de lumière,* 1974

9 – Publication CIE 160 – *A review of chromatic adaptation transforms,* 2004

10 – Publication CIE 167 – *Recommended practice for tabulating spectral data for use in colour computations,* 2005

Autres publications

11 – Billmeyer F.W.Jr. – *Survey of Color Order Systems.* Color Res. & Appl., 12, p173 -186, 1987

12 – Corno-Martin F. – *Colorimétrie.* Techniques de l'ingénieur, R 6440, p13, 1990. Paris.

13 – Fagot, Ph. – *Commentaires sur une version préparatoire du présent document – correspondance particulière*, 5 janvier 2014

14 – Judd D.B. – *Colorimetry,* NBS Circular 478, p 7, 1950

15 – Judd D.B., Kelly K.L.– *Method of designating colors,* J. Research NBS, **23**, p 355-366, 1939 (RP 1239).

16 – Kelly K.L.– *Central notations for the revised ISCC-NBS Color-name blocks*, J. Research NBS, **61**, p 427, 1958 (RP 2911).

17 – Kelly K.L., Judd D.B. – *The ISCC-NBS method of designating colors, and a dictionary of color names.* NBS Circular 563,1955

18 – Kelly K.L. – *A universal color language.* Color Engineering III, mars-avril 1965

19 – Mollard-Desfour A. – *Dictionnaire de la couleur : Mots et expressions d'aujourd'hui (XXème - XXIème siècles).* CNRS Editions, Paris, *Le Bleu*, 1998, 2004, 2013 – *Le Rouge*, 2000, 2009 – *Le Rose*, 2002 – *Le Noir*, 2005, 2010 – *Le Blanc*, 2008 – *Le Vert*, 2012 – *Le Gris*, 2015

20 – Richter M. – *The official German standard color chart.* J. Opt. Soc. Am. **45**, p 223-226, 1955

21 – Sève R., Indergand M., Lanthony Ph. – *Dictionnaire des termes de la couleur.* Editions Terra Rossa : CPI, 83 rue d'Hauteville, 75010, Paris, 2007

22 – Sève R. – *Physique de la couleur : De l'apparence colorée à la technique colorimétrique*, chapitre 7, p 264, Masson, Paris, 1996.

23– Sève R. – *Science de la couleur : Aspects physiques et perceptifs*, Chalagam, Marseille, 2009
Pour la transformation du document X 08-010 : voir chap. 7, § 7.3 – *Dénomination des couleurs*, p 246 à 251
Pour le passage à l'illuminant D65 : voir chap. 8, § 8.2.2 – *Transformations d'adaptation chromatique*, p 262 à 264
Pour les couleurs optimales : voir chap. 7, § 7.1.1- *Couleurs optimales* p. 224-228 et p.344-345

24 – Witt K. – *Beziehung zwischen der Kennzeichnung von Farbarten im Farbsystem DIN 6164 und der im Normvalenzsystem.* Farbe, **85**, 1979, p 459 – 463

25 – Wright, W.D. *Couleur et colorimétrie,* Les Cahiers CIBA 1961 / 2 : p 2 – 24.

26 – Ecole thématique interdisciplinaire CNRS : *La couleur des matériaux : langage, couleur, cognition.* Conservatoire des ocres et pigments appliqués, Roussillon de Provence, mars 2005. Ensemble d'une vingtaine de conférences présentées lors de cette école thématique de Printemps

27 – Sève R. *Dénomination des couleurs évaluées par colorimétrie. Présentation d'une actualisation.* Journée de conférences du Centre Français de la Couleur à l'Ecole des Mines de Paris - 6 juin 2014

NOTE – Il n'a malheureusement pas été possible de savoir si des archives relatives à la rédaction du document X 08-010 de 1977 existaient à l'Afnor.

Index des couleurs – *Classement alphabétique sauf pour les adjectifs.*
Les numéros sont ceux des diagrammes clarté-saturation où les couleurs sont présentes

Beige	clair	13 à 15
Beige	grisé	13 à 15
Beige	moyen	13 à 15
Beige	intense	13 à 15
Beige	sombre	13 à 15
Beige	foncé	13 à 15
Beige : voir aussi *Crème-beige*		
Beige-brun		14 à 19
Beige-jaune	clair	11 à 15
Beige-jaune	foncé	11 à 15
Beige-kaki		11 à 13
Beige-orangé	clair	16 - 17
Beige-orangé	intense	16 à 19
Beige-orangé	foncé	16 à 19
Beige-rose	clair	16 - 17
Beige-rose	grisé	16 à 19
Beige-rose	moyen	16 à 19
Beige-rose	sombre	16 à 19
Beige-rose	foncé	16 à 19
Beige verdâtre	clair	10 à 12
Beige verdâtre	grisé	10 à 12
Beige verdâtre	moyen	10 à 12
Beige verdâtre	intense	11 - 12
Beige verdâtre	sombre	11 - 12
Beige verdâtre	foncé	11 - 12
Beige-vert	clair	10
Beige-vert	intense	10
Blanc		1 à 30
Blanc	bleuté	4 à 6
Blanc	crème	14 à 17
Blanc	ivoire	10 à 13
Blanc	pourpre	1 et 29- 30
Blanc	rosé	18 à 28
Blanc	verdâtre	7 à 9
Blanc	violacé	2 - 3
Blanc-gris		1 à 30
Blanc-gris	bleuté	4 à 6
Blanc-gris	crème	14 à 17
Blanc-gris	ivoire	10 à 13
Blanc-gris	pourpre	1 et 29 - 30
Blanc-gris	rosé	18 à 28
Blanc-gris	verdâtre	7 à 9
Blanc-gris	violacé	2 - 3

Bleu	pâle	5
Bleu	clair	5
Bleu	vif	5
Bleu	grisé	5
Bleu	moyen	5
Bleu	intense	5
Bleu	sombre	5
Bleu	foncé	5
Bleu	profond	5
Bleu : voir aussi *Vert-bleu, Violet-bleu*		
Bleu-vert	pâle	6
Bleu-vert	clair	6
Bleu-vert	vif	6
Bleu-vert	grisé	6
Bleu-vert	moyen	6
Bleu-vert	intense	6
Bleu-vert	sombre	6
Bleu-vert	foncé	6
Bleu-vert	profond	6
Bleu-violet	pâle	4
Bleu-violet	clair	4
Bleu-violet	vif	4
Bleu-violet	grisé	4
Bleu-violet	moyen	4
Bleu-violet	intense	4
Bleu-violet	sombre	4
Bleu-violet	foncé	4
Bleu-violet	profond	4
Bordeaux *	clair	23 - 24
Bordeaux *	grisé	23 - 24
Bordeaux *	moyen	23 - 24
Bordeaux *	sombre	23 - 24
Bordeaux *	foncé	23 - 24
Bordeaux : voir aussi *Rouge-Bordeaux*		
Bordeaux-orangé	intense	23
Bordeaux-orangé	profond	23
Bordeaux-pourpre *	clair	25 - 26
Bordeaux-pourpre *	grisé	25 - 26
Bordeaux-pourpre *	moyen	25 - 26
Bordeaux-pourpre *	intense	25
Bordeaux-pourpre *	sombre	25 - 26
Bordeaux-pourpre *	foncé	25 - 26
Bordeaux-pourpre *	profond	25
Bordeaux-rouge	intense	24
Bordeaux-rouge	profond	24

(*) Dans le diagramme 23, les noms *Bordeaux* et *Bordeaux-marron* sont utilisés conjointement.
Dans le diagramme 25, les noms *Bordeaux-pourpre* et *Bordeaux* sont utilisés conjointement.

Index des couleurs - (tableau 2)

Brun	clair	16 - 17
Brun	grisé	16 - 17
Brun	moyen	16 - 17
Brun	intense	16 - 17
Brun	sombre	16 - 17
Brun	foncé	16 - 17
Brun	profond	16 - 17
Brun : voir *Beige-brun, Marron-brun, Kaki-brun*		
Brun-jaune		14 à 16
Brun-kaki	clair	14
Brun-kaki	grisé	14
Brun-kaki	moyen	14
Brun-kaki	intense	14
Brun kaki	sombre	14
Brun-kaki	foncé	14
Brun-kaki	profond	14
Brun-marron	clair	19
Brun-marron	grisé	19
Brun-marron	moyen	19
Brun-marron	intense	19
Brun-marron	sombre	19
Brun-marron	foncé	19
Brun-marron	profond	17
Brun-orangé	clair	18
Brun-orangé	vif	17 à 19
Brun-orangé	grisé	18
Brun-orangé	moyen	18
Brun-orangé	intense	18
Brun-orangé	sombre	18
Brun-orangé	foncé	18
Brun-orangé	profond	18
Brun verdâtre	clair	15
Brun verdâtre	grisé	15
Brun verdâtre	moyen	15
Brun verdâtre	intense	15
Brun verdâtre	sombre	15
Brun verdâtre	foncé	15
Brun verdâtre	profond	15
Crème *	pâle	15 - 16
Crème *	clair	15 - 16
Crème *	vif	15 - 16
Crème *	grisé	15 - 16
Crème *	moyen	15 - 16
Crème *	intense	15 - 16
Crème *	foncé	15 - 16

Crème : voir aussi *Ivoire-crème*		
Crème-beige	moyen	15 à 17
Crème-ivoire	pâle	13 - 14
Crème-ivoire	clair	13 - 14
Crème-ivoire	vif	13 - 14
Crème-ivoire	grisé	13 - 14
Crème-ivoire	moyen	13 - 14
Crème-ivoire	intense	13 - 14
Crème-rose	pâle	17
Crème-rose	clair	17
Crème-rose	vif	17
Crème-rose	grisé	17
Crème-rose	moyen	17
Crème-rose	intense	17
Crème-rose	foncé	17
Gris	très clair	1 à 30
Gris	clair	1 à 30
Gris	moyen-clair	1 à 30
Gris	moyen	1 à 30
Gris	moyen-foncé	1 à 30
Gris	foncé	1 à 30
Gris	très foncé	1 à 30
Gris : voir aussi *Blanc-gris, Noir-gris*		
Gris / Bleu	très clair	5
Gris / Bleu	clair	5
Gris / Bleu	moyen-clair	5
Gris / Bleu	moyen	5
Gris / Bleu	moyen-foncé	5
Gris / Bleu	foncé	5
Gris / Bleu	très foncé	5
Gris / Bleu-vert	très clair	6
Gris / Bleu-vert	clair	6
Gris / Bleu-vert	moyen-clair	6
Gris / Bleu-vert	moyen	6
Gris / Bleu-vert	moyen-foncé	6
Gris / Bleu-vert	foncé	6
Gris / Bleu-vert	très foncé	6
Gris / Bleu-violet	très clair	4
Gris / Bleu-violet	clair	4
Gris / Bleu-violet	moyen-clair	4
Gris / Bleu-violet	moyen	4
Gris / Bleu-violet	moyen-foncé	4
Gris / Bleu-violet	foncé	4
Gris / Bleu-violet	très foncé	4

(*) Dans le diagramme 15, les noms *Crème* et *Crème-ivoire* sont utilisés conjointement.

Index des couleurs - (tableau 3)

Gris / Jaune	très clair	12 à 14
Gris / Jaune	clair	12 à 14
Gris / Jaune	moyen-clair	12 à 14
Gris / Jaune	moyen	12 à 14
Gris / Jaune	moyen-foncé	12 à 14
Gris / Jaune	foncé	12 à 14
Gris / Jaune	très foncé	12 à 14
Gris / Jaune-orangé	très clair	15 - 16
Gris / Jaune-orangé	clair	15 - 16
Gris / Jaune-orangé	moyen-clair	15 - 16
Gris / Jaune-orangé	moyen	15 - 16
Gris / Jaune-orangé	moyen-foncé	15 - 16
Gris / Jaune-orangé	foncé	15 - 16
Gris / Jaune-orangé	très foncé	15 - 16
Gris / Jaune-vert	très clair	10 - 11
Gris / Jaune-vert	clair	10 - 11
Gris / Jaune-vert	moyen-clair	10 - 11
Gris / Jaune-vert	moyen	10 - 11
Gris / Jaune-vert	moyen-foncé	10 - 11
Gris / Jaune-vert	foncé	10 - 11
Gris / Jaune-vert	très foncé	10 - 11
Gris / Orangé	très clair	19 - 20
Gris / Orangé	clair	19 - 20
Gris / Orangé	moyen-clair	19 - 20
Gris / Orangé	moyen	19 - 20
Gris / Orangé	moyen-foncé	19 - 20
Gris / Orangé	foncé	19 - 20
Gris / Orangé	très foncé	19 - 20
Gris / Orangé-jaune	très clair	17 - 18
Gris / Orangé-jaune	clair	17 - 18
Gris / Orangé-jaune	moyen-clair	17 - 18
Gris / Orangé-jaune	moyen	17 - 18
Gris / Orangé-jaune	moyen-foncé	17 - 18
Gris / Orangé-jaune	foncé	17 - 18
Gris / Orangé-jaune	très foncé	17 - 18
Gris / Orangé-rouge	très clair	21 - 22
Gris / Orangé-rouge	clair	21 - 22
Gris / Orangé-rouge	moyen-clair	21 - 22
Gris / Orangé-rouge	moyen	21 - 22
Gris / Orangé-rouge	moyen-foncé	21 - 22
Gris / Orangé-rouge	foncé	21 - 22
Gris / Orangé-rouge	très foncé	21 - 22
Gris / Pourpre	très clair	28 - 29
Gris / Pourpre	clair	28 - 29
Gris / Pourpre	moyen-clair	28 - 29
Gris / Pourpre	moyen	28 - 29
Gris / Pourpre	moyen-foncé	28 - 29
Gris / Pourpre	foncé	28 - 29
Gris / Pourpre	très foncé	28 - 29

Gris / Pourpre-rouge	très clair	26 - 27
Gris / Pourpre-rouge	clair	26 - 27
Gris / Pourpre-rouge	moyen-clair	26 - 27
Gris / Pourpre-rouge	moyen	26 - 27
Gris / Pourpre-rouge	moyen-foncé	26 - 27
Gris / Pourpre-rouge	foncé	26 - 27
Gris / Pourpre-rouge	très foncé	26 - 27
Gris / Pourpre-violet	très clair	30
Gris / Pourpre-violet	clair	30
Gris / Pourpre-violet	moyen-clair	30
Gris / Pourpre-violet	moyen	30
Gris / Pourpre-violet	moyen-foncé	30
Gris / Pourpre-violet	foncé	30
Gris / Pourpre-violet	très foncé	30
Gris / Rouge	très clair	24
Gris / Rouge	clair	24
Gris / Rouge	moyen-clair	24
Gris / Rouge	moyen	24
Gris / Rouge	moyen-foncé	24
Gris / Rouge	foncé	24
Gris / Rouge	très foncé	24
Gris / Rouge-orangé	très clair	23
Gris / Rouge-orangé	clair	23
Gris / Rouge-orangé	moyen-clair	23
Gris / Rouge-orangé	moyen	23
Gris / Rouge-orangé	moyen-foncé	23
Gris / Rouge-orangé	foncé	23
Gris / Rouge-orangé	très foncé	21
Gris / Rouge-pourpre	très clair	25
Gris / Rouge-pourpre	clair	25
Gris / Rouge-pourpre	moyen-clair	25
Gris / Rouge-pourpre	moyen	25
Gris / Rouge-pourpre	moyen-foncé	25
Gris / Rouge-pourpre	foncé	25
Gris / Rouge-pourpre	très foncé	25
Gris / Vert	très clair	8
Gris / Vert	clair	8
Gris / Vert	moyen-clair	8
Gris / Vert	moyen	8
Gris / Vert	moyen-foncé	8
Gris / Vert	foncé	8
Gris / Vert	très foncé	8
Gris / Vert-bleu	très clair	7
Gris / Vert-bleu	clair	7
Gris / Vert-bleu	moyen-clair	7
Gris / Vert-bleu	moyen	7
Gris / Vert-bleu	moyen-foncé	7
Gris / Vert-bleu	foncé	7
Gris / Vert-bleu	très foncé	7

Index des couleurs - (tableau 4)

Gris / Vert-jaune	très clair	9
Gris / Vert-jaune	clair	9
Gris / Vert-jaune	moyen-clair	9
Gris / Vert-jaune	moyen	9
Gris / Vert-jaune	moyen-foncé	9
Gris / Vert-jaune	foncé	9
Gris / Vert-jaune	très foncé	9
Gris / Violet	très clair	2
Gris / Violet	clair	2
Gris / Violet	moyen-clair	2
Gris / Violet	moyen	2
Gris / Violet	moyen-foncé	2
Gris / Violet	foncé	2
Gris / Violet	très foncé	2
Gris / Violet-bleu	très clair	3
Gris / Violet-bleu	clair	3
Gris / Violet-bleu	moyen-clair	3
Gris / Violet-bleu	moyen	3
Gris / Violet-bleu	moyen-foncé	3
Gris / Violet-bleu	foncé	3
Gris / Violet-bleu	très foncé	3
Gris / Violet-pourpre	très clair	1
Gris / Violet-pourpre	clair	1
Gris / Violet-pourpre	moyen-clair	1
Gris / Violet-pourpre	moyen	1
Gris / Violet-pourpre	moyen-foncé	1
Gris / Violet-pourpre	foncé	1
Gris / Violet-pourpre	très foncé	1
Ivoire	pâle	12
Ivoire	clair	12
Ivoire	vif	12
Ivoire	grisé	12
Ivoire	moyen	12
Ivoire	intense	12
Ivoire	foncé	12
Ivoire : voir aussi *Crème-ivoire*		
Ivoire-crème	grisé	13 - 14
Ivoire-crème	moyen	13 - 14
Ivoire-crème	intense	13 - 14
Ivoire-crème	foncé	13 - 14

Ivoire verdâtre	pâle	10 - 11
Ivoire verdâtre	clair	10 - 11
Ivoire verdâtre	vif	10 - 11
Ivoire verdâtre	grisé	10 - 11
Ivoire verdâtre	moyen	10 - 11
Ivoire verdâtre	intense	10 - 11
Ivoire verdâtre	foncé	10 - 11
Jaune	pâle	12 à 14
Jaune	clair	12 à 14
Jaune	vif	12 à 14
Jaune	grisé	12 à 14
Jaune	moyen	12 à 14
Jaune	intense	12 à 14
Jaune	foncé	12 à 14
Jaune	profond	12 à 14
Jaune : voir aussi *Brun-jaune, Kaki-jaune, Rose-jaune, Orangé-jaune, Vert- jaune*		
Jaune-orangé	pâle	15
Jaune-orangé	clair	15 - 16
Jaune-orangé	vif	15 - 16
Jaune-orangé	grisé	15 - 16
Jaune-orangé	moyen	15 - 16
Jaune-orangé	intense	15 - 16
Jaune-orangé	foncé	15 - 16
Jaune-orangé	profond	15 - 16
Jaune-vert	pâle	10 – 11
Jaune-vert	clair	10 – 11
Jaune-vert	vif	10 – 11
Jaune-vert	grisé	11
Jaune-vert	moyen	10 – 11
Jaune-vert	intense	10 – 11
Jaune-vert	foncé	10 – 11
Jaune-vert	profond	10 – 11
Kaki	clair	11 - 12
Kaki	grisé	11 - 12
Kaki	moyen	11 - 12
Kaki	intense	11 - 12
Kaki	sombre	11 - 12
Kaki	foncé	11 - 12
Kaki	profond	11 - 12
Kaki : voir aussi *Beige-kaki, Brun-kaki*		

Index des couleurs - (tableau 5)

(*) Dans le diagramme 22, les noms : *Marron* et *Marron-bordeaux* sont utilisés conjointement

Index des couleurs - (tableau 6)

Index des couleurs - (tableau 7 et fin)

Violet	pâle	2
Violet	clair	2
Violet	vif	2
Violet	grisé	2
Violet	moyen	2
Violet	intense	2
Violet	sombre	2
Violet	foncé	2
Violet	profond	2
Violet : voir aussi *Bleu-violet, Pourpre-violet*		
Violet-bleu	pâle	3
Violet-bleu	clair	3
Violet-bleu	vif	3
Violet-bleu	grisé	3
Violet-bleu	moyen	3
Violet-bleu	intense	3
Violet-bleu	sombre	3
Violet-bleu	foncé	3
Violet-bleu	profond	3

Violet-pourpre	pâle	1
Violet-pourpre	clair	1
Violet-pourpre	vif	1
Violet-pourpre	grisé	1
Violet-pourpre	moyen	1
Violet-pourpre	intense	1
Violet-pourpre	sombre	1
Violet-pourpre	foncé	1
Violet-pourpre	profond	1

www.ingramcontent.com/pod-product-compliance
Lightning Source LLC
Chambersburg PA
CBHW082307210326
41598CB00028B/4465